빛깔있는 책들 201-7

명절 음식

글, 사진/한복선

대원사

한복선

1949년 서울 태생으로 한양대학교 식품영양학과를 졸업했다. 중요무형문화재 38호(조선왕조 궁중음식)를 이수했으며 해외에서 다년간 외국 요리를 익혔다. 주요 경력으로는 MBC-TV '오늘의 요리'와 KBS-TV '가정 요리'(현재) 프로를 담당했다. 현재 '궁중음식연구원' 강사이면서 '한복선 요리학원' 원장으로 있다.

사진 자료 협조

두산그룹 홍보실

빛깔있는 책들 201-7

명절 음식

명절 음식

명절 음식과 계절 음식

한국인의 참모습을 조명(照明)하는 데 있어서 시절에 따라 지켜지는 세시 풍속(歲時風俗)은 대단한 가치가 있다. 한국 풍속의 대표적인 이것들은 중국에서 쓰는 역법(歷法)을 답습하였기 때문에 음력에 의해 행해져 왔다.

우리 민족이 예부터 지금까지 지키고 있는 명절의 행사는 농경의례적인 것, 민족의 제전과 관계되는 것이 대부분이다. 이것은 한 해를 살아가는 데 생활의 단조로움에 활력을 불어 넣는 역할을 해 왔다.

명절 때 해먹는 음식을 절식(節食)이라 하고 4계절이 뚜렷하여 계절마다 신선한 재료로 새로운 맛을 내서 만들어 먹는 음식을 시식(時食)이라 한다. 우리는 이 음식을 조상님께 천신(薦新, 표1)하고, 그것을 자손들이 나누어 먹는 풍속이 있다.

새 음식을 장만하여 가족, 이웃이 나누어 먹던 즐거움이 사라지지 않기를 바라는 마음에서, 또한 우리 민족이 풍류 있는 정서적인 민족임을 자랑스럽게 생각하며 이러한 풍속을 이어받아 지키고자 하는 마음에서 이 책을 엮는다.

표 1. 월별 천신 품목(月別薦新品目)

월	천신 품목
1월	조곽(미역), 해태(김)
2월	송어, 생복, 작설차, 반건치, 생합, 소근(미나리), 생낙지
3월	고사리, 당귀, 청귤, 황석어, 눌치, 웅어
4월	죽순, 준치, 오징어
5월	살구, 앵두, 오이, 보리, 밀
6월	피쌀, 수수, 좁쌀, 멥쌀, 능금, 가지, 수박, 참외, 동아, 오얏, 은어
7월	연어, 배, 연밥, 잣, 호도, 머루
8월	홍시, 신도주, 대추, 생률, 송이, 붕어, 게
9월	기러기, 석류, 산포도, 산복숭아
10월	감자, 금귤, 유자, 마, 대구어, 은어, 은행, 건시
11월	백어, 서대, 청어, 천어, 당유자
12월	동정귤, 숭어, 토끼

농가월령가에 나타난 세시 풍속

농촌의 생활상을 정교하게 월령체(月令體)로 읊은 '농가월령가'는 철따라 변하는 농삿일에 인정(人情)과 시식(時食)을 담은 우리네의 귀중한 풍속도라 할 수 있다.

지은이에 대해서는 여러 설이 있으나 조선 말기 헌종조(憲宗朝) 때 살던 운포 정학유(丁學遊)가 지었다는 설이 가장 유력하다. 대실학자인 다산 정약용의 아들로 "농사 짓는 사람에게 땅을 주어야 한다"는 다산의 영향을 매우 강하게 받은 듯하다.

'농가월령가' 속에 음식과 관련된 부분을 관심 있게 보면 우리의 명절 시기, 절식, 시식을 소상하게 알 수 있어 그러한 부분만 옮겨 본다.

정월

正月은 孟春이라 立春 雨水 節氣로다

....

祠堂에 歲謁함은 餠湯에 酒菓로다

엄파와 미나리를 무엄에 곁들이면

주안상 차림 술과 함께 내는 손님상으로 구절판, 도미찜, 마른 안주, 각색 전, 숙회, 편육, 산적, 만두국 등을 놓는다.

보기에 신신하여 五辛菜를 부러하랴
보름날 약밥 제도 신라 적 풍속이라
묵은 산채 삶아 내어 肉味를 바꿀소냐
귀밝히는 약술이요 부름 삭는 生栗이라

2월

二月은 仲春이라 驚蟄 春分 節氣로다
………………
山菜는 일렀으니 들나물 캐어 먹세
고들빼기 씀바귀요 소로쟁이 물쑥이라
달래 김치 냉잇국은 脾胃를 깨치나니
本草를 상고하여 약재를 캐오리라

3월

三月은 暮春이라 清明 穀雨 節氣로다
………………

4월

四月이라 孟夏되니 立夏 小滿 절기로다

………………

인가의 요긴한 일 장 담는 정사로다
소금을 미리 받아 법대로 담그리라
고추장 두부장도 맛맛으로 갖추 하소
앞산에 비가 개니 살찐 香菜 캐오리라
삽주 두릅 고사리며 고비 도래 어아리를
일분은 엮어 달고 이분은 무쳐 먹게
낙화를 쓸어 앉아 병술로 즐길 적에
산처의 준비함이 佳肴가 이뿐이라
느티떡 콩찌니는 제때의 별미로다
앞내에 물이 주니 천렵을 하여 보자

………………

촉고를 둘러치고 銀鱗玉尺 후려내어
盤石에 노구 걸고 솟구쳐 끓여 내니
八珍味 五候鯖을 이 맛과 바꿀소냐

5월

五月이라 仲夏되니 芒種 夏至 절기로다

....

아기어멈 방아 찧어 들바라지 점심 하소
보리밥 파찬국에 고추장 상추쌈을
식구를 헤아리되 넉넉히 능을 두소

6월

六月이라 季夏되니 小暑 大暑 절기로다

....

정자나무 그늘 밑에 坐次를 정한 후에
점심 그릇 열어 놓고 보리 단술 먼저 먹세
반찬이야 있고 없고 주린 창자 메인 후에
청풍에 醉飽하니 잠시간 낙이로다

....

三伏은 속절이요 流頭는 佳日이라
원두밭에 참외 따고 밀 갈아 국수하여

家廟에 천신하고 한때 음식 즐겨 보세
부녀자는 헤피 마라 밀기울 한데 모아
누룩을 디디어라 流頭麵을 혀느리라
호박 나물 가지 김치 풋고추 양념하고
옥수수 새맛으로 일 없는 이 먹어 보소
장독을 살펴보아 제맛을 잃지 말고
맑은 장 따로 모아 익은 족족 떠내오라
비 오면 덮기 신칙 독전을 정히 하소

7월

七月이라 孟秋되니 立秋 處暑 절기로다
....
소채 과실 흔할 적에 저축을 생각하여
박 호박 고지 켜고 외 가지 짜게 절여
겨울에 먹어 보소 貴物이 아니 될까

8월

八月이라 仲秋되니 白露 秋分 절기로다
....
북어쾌 젓조기로 추석 명일 쇠어 보세
新稻酒 오려 송편 박나물 토란국을
선산에 제물하고 이웃집 나눠 먹세
며느리 말미받아 본집에 근친갈 제
개 잡아 삶아 건져 떡고리와 술병이라
초록 장옷 반물 치마 장속하고 다시 보니
여름지어 지친 얼굴 소복이 되었느냐
중추야 밝은 달에 지기 펴고 놀고 오소

9월

九月이라 季秋되니 寒露 霜降 절기로다

··················

타작 점심 하오리라 황계 백주 부족할까
새우젓 계란찌개 성찬으로 차려 놓고
배추국 무나물에 고춧잎 장아찌라
큰 가마에 안친 밥이 태반이나 부족하다

10월

十月은 孟冬이라 立冬 小雪 절기로다

··················

무 배추 캐어 들여 김장을 하오리라
앞 냇물에 정히 씻어 함담을 맞게 하소
고추 마늘 생강 파에 젓국지 장아찌라
독 곁에 중두리요 바탕이 항아리라

양지에 가가 짓고 짚에 싸 깊이 묻고
박이무 알암말도 얼잖게 간수하소
....
우리집 부녀들아 겨울 옷 지었느냐
술 빚고 떡하여라 講信날 가까웠다
술 꺾어 단자하고 메밀 앗아 국수 하고
소 잡고 돝 잡으니 음식이 풍비하다
들마당에 차일 치고 동네 모아 자리 포진
노소 차례 틀릴세라 남녀 분별 각각 하소

11월

十一月은 仲冬이라 大雪 冬至 절기로다
....
콩기름 우거지로 조반석죽 다행하다.
부녀야 네 할 일이 메주 쑬 일 남았구나
익게 삶고 매우 찧어 띄워서 재워 두소
동지는 명일이라 一陽이 生하도다
時食으로 팥죽 쑤어 隣里와 즐기리라

12월

十二月은 季冬이라 小寒 大寒 절기로다
....
입을 것 그만하고 음식 장만하오리라
떡쌀은 몇 말인고
콩 갈아 두부 하고 메밀쌀 만두 빚소
歲肉은 契를 믿고 북어는 장에 사서
납평일 창애 묻어 잡은 꿩 몇 마린고

아이들 그물 쳐서 참새도 지져 먹세
깨강정 콩강정에 곶감 대추 생률이라
酒樽에 술 들이니 돌틈에 새암 소리
앞뒷집 打餠聲은 예도 나고 제도 나네
새 등잔 새발심지 장등하여 새울 적에
웃방 봉당 부엌까지 곳곳이 명랑하다
초롱불 오락가락 묵은 세배하는구나

정월 초하루(설날)

새해 첫날을 설날이라 하니 설날 아침에는 식구들이 일찍 일어나 세수를 하고 새로 지은 옷(설빔)을 입고, 세찬과 세주를 마련하여 조상님께 새배 드리는 의식 곧 차례를 지낸다. 차례가 끝나면 어른들께 새해 첫인사를 올리니 곧 세배다. 집안 세배가 끝나면 차례를 지낸 음식으로 아침을 먹고, 일가 친척, 이웃 어른을 찾아 새배를 드린다. 세배를 받는 쪽에선 손님께 대접하는 음식상을 차린다. 어른에겐 술과 음식을, 아이들에겐 과자나 돈을 주고 덕담(德談)을 건넨다. 아이들에게 주는 세뱃돈은 저축 정신을 기르는 뜻으로, 곧 계란을 사서 닭으로 늘려 다시 송아지에서 소로 늘려 논밭을 장만하라는 뜻이 있다고 한다.

또한 돌아가신 조상의 묘소를 찾아 새해 인사를 올리고 안방마님은 노비를 친정으로 보내 길어(吉語)로써 문안을 드린다.

벼슬하고 있는 집에서는 붉은색을 칠한 상을 대청에 마련해 두면 세배 온 사리(司吏)들이 이름 쓴 종이를 상에 놓고 돌아간다. 또 설날 새벽 가족들은 이명주(耳明酒)라 하여 귀가 밝아지는 약주(藥酒)를 한 잔씩 마신다.

정월의 차례상 메 대신 떡국을 올리고 탕, 적, 포, 나물, 침채, 조과, 생과, 식혜 등을 올린다. 좌포우해, 두동미서, 홍동백서의 원칙에 따라 차린다.

떡산적 말랑한 떡과 고기, 파 또는 버섯류를 꼬치에 꿰어 양념장을 발라 구운 것이다.

세찬 가운데 어느 집에서나 흰떡(白餠)을 만들어 떡국을 끓인다. 떡국 한 그릇을 먹어야 한 살을 더 먹는다는 뜻이 있다.

떡을 만들 때는 멥쌀을 가루로 찧어 체에 쳐서 물을 뿌려 버무려 시루에 쪄서 고수레떡을 한다. 절구나 안반에 놓고 장정들이 힘을 다하여 떡메로 식기 전에 여러 번 쳐서 차진 떡덩이를 만든다. 이것을 손으로 비벼 가래떡을 만들어 적당히 굳으면 돈짝처럼 썰어 떡국떡을 마련한다. 또한 가래떡을 굵게 비벼서 떡살로 문양을 찍어 절편이나 꽃절편을 만들며, 쑥이나 송기를 넣어 떡을 만들어 차례상에도 올리고 꿀에도 찍어 먹는다.

차례상에는 메 대신에 떡국을 올린다. 식사 때에는 떡국과 특별히 준비한 음식을 함께 내고 그 밖에는 다과상을 준비한다.

정월의 설날 음식으로는 떡으로 만들 수 있는 떡국, 떡만두국, 떡볶음, 떡찜, 떡산적, 떡잡채 등이 있다. 고기 음식으로 갈비찜, 사태찜, 생선찜, 편육, 족편, 지짐으로 녹두빈대떡, 각색 전, 채소 음식으로 삼색 나물, 겨자채, 잡채 등이 있다.

우리나라 음식을 대표할 수 있는 신선로와 김치 곧 떡과 함께 먹는 장김치가 있고 후식류로는 약과, 다식, 정과, 엿강정, 강정, 산자, 식혜, 절편, 꽃절편, 인절미, 수정과 등이 있다.

정월 상차림은 아침 일찍 밝은 마음으로 조상께 지낸 차례 음식으로 고루 차린다.

꽃절편 정월의 시식인 떡덩이를 가래떡으로 비벼 손을 세워서 꼬리떡을 만들어서 색떡을 넣어 떡살로 문양을 찍었다.

떡국 가래떡을 동글 납작하게 썰어 양지머리 또는 꿩 국물에 끓여 청장으로 간하고 고명을 얹는다.

떡국(餠湯)

떡국은 병탕이라 한다. 어린아이에게 몇 살이냐고 물을 때 "떡국 몇 그릇 먹었냐?"라고 묻는다. 이것은 우리나라 사람이면 누구를 막론하고 정초에는 꼭 떡국을 먹는다는 얘기다. 근래에는 만두를 푸짐하게 빚어 함께 끓이는 떡만두국이 유행이다.

떡국을 맛있게 끓이려면 양지머리로 맑은 국물을 내고, 어슷 썰은 떡을 씻어 건져 퍼지지 않도록 끓인다. 이때 꼭 청장으로 간을 맞추어야 제맛이 난다.

충청도 지방에선 쌀가루를 반죽하여 가래떡처럼 길게 늘여서 어슷 썰어 떡국과 같은 방법으로 끓이는 생떡국이 있고, 개성 지방은 가래떡을 가늘게 비벼 늘여서 나무칼로 누에고치 모양으로 잘라 끓이는 조랭이 떡국이 유명하다.

북쪽 지방은 만두국을 끓이거나 삶아서 초장에 찍어 먹는데 크기는 매우 크게 순가락 모양의 병시 만두로 빚으며 개성에서는 모자 모양으로도 빚는다. "만두는 속을 먹자는 만두요, 송편은 껍질을 먹자는 송편"이라는 말이 있듯 만두는 껍질을 얇게 해야 맛있다.

예전엔 꿩고기로 국물도 하고 다져서 생치 만두도 하였으나, 요즈음은 꿩 대신 쇠고기로 많이 한다.

전골

신선로와 비슷하나 서민층에서 간편하면서 뜨끈하게 화로를 끼고 둘러앉아 먹는 것이다. 찌개와는 달리 주재료가 특별나지 않고 여러 가지 재료가 들어가는데 끓는 것을 보면서 먹는 것이 다른 점이다.

전골틀은 군사들의 전립(벙거지)에서 유래되었으나 이토정 선생의 철관에서 왔다는 설이 있다.

전골틀을 화로에 올려 냄비전에 기름을 바르고 각색 재료를 늘어놓고 가운데 깊은 곳엔 육수를 간 맞추어 붓고, 고기 완자를 넣어 익히면서 달걀을 넣어 국물과 함께 먹게 된다.

전골 전골틀에 여러 가지 재료를 돌려 놓고 육수를 부어 끓는 것을 보며 먹는 것이 특징이다.

잡채

여러 가지 채소 볶은 것과 당면을 합하여 참기름으로 고소하게 무친 음식이다. 우리나라 사람은 물론이고 외국인에게 선 보여서 맛구경을 시킬 만한 자랑스런 음식이다.

당면은 미지근한 물에 불렸다가 끓는 물에 재빨리 삶아 내어 참기름, 깨소금, 소금으로 맛을 준다. 채소는 양파, 당근, 오이 또는 버섯류 등을 납작 채로 썰어 소금으로 간하여 각각 볶아 낸다. 고기도 채 썰어 갖은 양념하여 볶는다. 준비된 고기, 채소, 당면을 합하여 간장, 참기름, 설탕 약간, 깨소금으로 맛나게 무쳐서 그릇에 담고 위에 달걀 황백 지단채를 얹는다. 특별히 많이 넣은 재료에 따라 도라지 잡채, 부추 잡채, 고추 잡채, 버섯 잡채 등으로 부른다.

당면이 빨리 붇고 쉬 쉴까 걱정일 때는 기름에 한번 볶아 식혀서 무친다.

갈비찜(가리찜)

좋은 갈비를 짧게 토막내어 찬물에 담갔다 건져서 배를 갈아 넣은 양념장으로 재운다. 무, 밤, 표고버섯 등과 함께 재운 갈비를 냄비에 담고 은근히 끓여서 무르게 찜을 하고 은행, 잣, 지단으로 고명을 얹는다.

명절상에는 고기나 생선류가 꼭 있어야 제격인데 사태찜, 도미찜, 닭찜 등도 그 대표적인 것이다.

신선로

신선로(神仙爐)는 화통이 가운데 있어 그 속에 숯불을 넣고, 그릇 가장자리에 채소, 고기 등 많은 재료를 돌려 화려하게 담아 호도,

버섯 잡채 버섯을 주재료로 하여 각각을 양념하여 볶아서 모두 합하여 참기름, 깨소금으로 맛을 낸다.

신선로 탕의 일종으로 갖은 재료를 넣어 입을 즐겁게 해준다는 뜻으로 열구자탕이라 한다.

잣, 은행으로 고명을 얹어 장국을 부어서 끓여 먹는 탕(湯)의 일종이다. 갖은 재료와 정성을 다해 만든 귀한 음식이니 열구자탕(悅口子湯)이라고도 한다. 곧 입을 즐겁게 해주는 탕이라는 것이니 그 맛을 짐작할 만하다.

만드는 법은 곰탕거리의 고기를 푹 삶는데 그때 무, 당근도 설컹하게 삶아 내고, 국물은 깨끗이 밭쳐서 간을 맞추어 둔다. 고기는 자잘하게 썰어 양념하여 신선로 제일 밑에 깔고 날고기를 조금 썰어 양념하여 위에 고루 얹는다. 생선전, 천엽전, 미나리전(미나리초대), 달걀 황백 지단과 달걀의 흰자에 석이버섯을 곱게 다져 넣고 부쳐서 검정색 지단을 만들어 신선로 크기에 맞추어 골패쪽 모양으로 썬다. 표고버섯, 무, 당근도 같은 크기로 썬다. 준비된 재료를 색 맞추어 부채꼴 모양으로 고기 위에 돌려 담는다. 그 위에 고기 완자,

호도, 잣, 은행으로 고명을 얹고 장국을 부어 뚜껑을 덮어 숯불로써 끓이면서 먹는다. 예전에는 신선로 그릇이 곱돌 또는 유기로 되어 있었고, 꼭 참숯을 지펴서 끓였다.

약과

밀가루에 참기름을 넣고 손으로 비벼 섞어서 체에 친 다음 꿀, 청주, 생강즙을 넣고 뭉쳐서 약과판에 박는다. 온도가 낮은 기름에서 높은 기름으로 천천히 튀긴다. 약과를 맛있게 하는 비결은 너무 치대면 딱딱하니 가볍게 반죽해야 연하고, 천천히 튀겨야 약간씩 부풀면서 속까지 튀겨진다. 뜨거울 때 집청꿀에 담그면 꿀물이 들어가는 소리가 나야 맛있다.

약과는 우리나라 과자 가운데 유밀과(油蜜菓)의 대표이다. 개성의 약과는 큼직하게 하여 폐백 때 쓰는 것으로 유명하고, 서울의 것은 동글 납작하면서 작게 만든다.

약과 밀가루에 참기름, 꿀, 생강즙, 청주를 넣고 가볍게 반죽하여 튀긴 것이다. 우리나라 과자 가운데 유밀과의 대표이다.

각색 다식 콩, 깨, 송화, 밤, 녹말 등의 가루나 미숫가루를 꿀로 반죽하여 다식판에 박아 낸다. 경사 때, 제사, 차례상에 꼭 오르는 조과이다.

다식(茶食)

집안의 경사 때, 명절, 제사, 차례상에 올라가는 전통 과자이며, 녹차와 잘 어울린다.

다식판은 나무에 둥근 홈을 파고 그 밑판에 글씨, 꽃무늬, 기하학적인 무늬 등을 새겼다. 다식 반죽을 하여 꼭꼭 눌러 찍어 내어 색색으로 돌려 담으면 화려하고 여러 가지 재료로 다양하게 각각의 맛을 낸다.

검은깨 다식

볶은 검은깨를 곱게 가루로 하여 꿀로 반죽한다. 이것을 중탕하여서 절구로 쳐서 판에 박는다. 이 다식의 색은 검정색으로 우리 몸에 좋아 권할 만한데, 잘못 먹으면 잇새에 끼어 대단히 난처한 경우가 생기기도 한다.

송화 다식

봄철에 소나무 꽃가루를 털어서 수비(水飛;물에 풀어 잡물을 없애는 것)하여 말렸다가 곱게 체에 내려 송홧가루를 만든다.

송홧가루에 꿀을 넣어 오래도록 치대어 차지면 찍어 낸다. 큰 경사 때 돌려 담아 괼 때는 잘 부서지기 때문에 녹말을 조금 섞어서 만든다.

노란, 파란 콩가루 다식도 하고 찹쌀 미숫가루로도 한다. 또 밤 말린 것(황률)을 불려서 삶아 곱게 찧어 밤 다식을 별미로 만들고 녹말 다식은 진한 오미자국을 넣어서 예쁜 분홍색으로 물들여 찍어 낸다.

각색 전

전(煎)은 고기, 생선, 채소 등의 재료를 다지거나 얇게 저며서 밀가루, 달걀로 옷을 입혀 번철에 기름을 두르고 앞뒤로 지지는 것이다. 따끈할 때 초장에 찍어 먹는다. 궁중에서는 '전유화(煎油花)'라 하고 '전유어'로도 불리며 민가에서는 '저냐' 또는 '전(煎)'이라 한다. 또 지짐개라고도 한다. 전유어를 가리켜 간납(肝納)이라고도 하는데 보통 제물로 쓰일 때 그렇게 부른다.

고기류의 전은 쇠고기나 돼지고기, 닭고기, 생선, 해물 등을 다져서 두부를 으깨어 물기를 꼭 짜서 넣고 소금(간장), 다진 파, 마늘, 참기름, 깨소금으로 양념하여 동글 납작하게 빚어서 밀가루, 달걀을 입혀 지진 전류와 저며서 소금, 후추로 양념하여 밀가루, 달걀을 입혀서 부친 전류가 있다.

채소는 감자, 고구마, 연근 등 단단한 것은 삶아 한 번 익힌 다음 밀가루, 달걀을 묻혀 지진다. 또는 연근전처럼 밀가루즙에 참기름과 간장을 약간 넣어 양념하여 묻혀서 지져 내기도 한다. 표고, 호박,

각색 전 여러 가지 재료에 밀가루, 달걀 또는 메밀가루, 쌀가루 등을 입혀 번철에 기름을 두고 지져서 초장을 찍어 먹는다.

풋고추 등은 그대로 하거나 또는 고기 다진 것을 붙여 밀가루, 달걀을 씌워서 지진다. 특별한 전으로 쇠고기의 내장(간, 천엽, 부아 등)과 뱅어 등도 메밀가루, 쌀가루 등을 입혀 지진다.

전을 두었다 꾸덕해져서 다른 맛으로 먹고 싶을 때는 맑은장국에 넣어 전탕을 끓이거나 미나리, 다진 고기 등을 함께 냄비에 담아 육수를 조금 부어 자글자글 끓여 동태 고명 지짐으로 하여도 좋다.

장(醬)김치

김치는 우리나라 밥상에 꼭 오르는 대표적 음식이다. 소금으로 채소를 절여 양념에 버무려 담아 두면 유기산의 발효에 의해 우리 입맛에 꼭 맞는 영양이 좋은 음식이 된다.

명절 또는 큰일을 치를 때는 떡을 하는데, 이때 함께 먹는 김치로는 장김치가 으뜸이다. 무, 배추를 간장으로 절였다가 그 국물을 맑은 물과 합하여 소금 간을 하여 김칫국으로 붓는다. 무와 절여진 배추에 파, 마늘, 생강을 채로 썰고, 표고버섯, 석이, 실고추, 배, 미나리를 넣어 새콤히 익혀 먹는 특별한 물김치이다.

국물의 색은 엷은 간장 빛이 나고 약간의 달착한 맛과 표고버섯의 향이 나는 맛난 김치이다. 젓갈과 고춧가루는 쓰지 않으며 중부 지방이나 궁에서 해먹던 것이다.

장김치 일반 김치는 소금으로 절이고 간을 맞추는데 장김치는 무, 배추를 간장에 절였다가 밤, 대추, 배, 잣, 표고버섯 등을 넣고 국물을 부어 익혀서 명절 또는 큰일을 치를 때 주로 떡과 함께 낸다.

녹두빈대떡

녹두를 물에 담가서 불렸다가 비벼 껍질을 깨끗이 벗기고, 맷돌이나 믹서에 되직하게 간다. 고기 다진 것, 나물 등을 얹어서 번철에 돼지고기 기름을 두르고 앞뒤로 노릇노릇 구워 내면 구수한 맛이 일품이다.

번철에 기름을 넉넉히 두르고, 빈대떡 외에 각색 전유화와 꼬치에 꿰어 지지거나 굽는 산적, 누름적 등도 낸다.

녹두빈대떡 거피한 녹두를 갈아서 나물, 고기 등을 넣고 번철에 기름을 두르고 지져 낸 고소한 전병이다.

대보름(음력 1월 15일)

신라시대부터 지켜 온 명절로 달이 가득 찬 날이라 하여 재앙과 액을 막는 제일(祭日)이다.

정월 14일 저녁에는 오곡밥과 묵은 나물을 먹는다. 또한 달을 보면 운이 좋다고 하여 달맞이를 하고 서울에서는 답교 놀이를 하였다. 어린아이가 봄을 타고 살이 여위는 것을 막기 위해 백 집의 밥을 얻어다가 절구 위에 앉아서 먹는 풍습도 있었다. 또 새벽에 일어나 사람을 불러서 대답을 하면 "내 더위 사가라" 하며 더위 팔기를 하여 병이 없는 여름이 되길 기원했다.

대보름의 음식으로 오곡밥, 약식, 부럼, 귀밝이술, 묵은 나물, 복쌈, 원소병, 팥죽 등이 있다.

부럼과 귀밝이술

대보름날 새벽에 날밤, 호도, 은행, 무, 잣, 땅콩 등을 깨물면서 "일 년 열두 달 동안 무사 태평하고 종기나 부스럼이 나지 않게 해주십시오"라고 축수하며, 깨무는 '딱' 하는 소리에 잡귀가 물러간다고 했다. 이것을 작절(嚼癤)이라고 하며 이를 단단히 하는 방법(固齒之方)이라고도 한다.

대보름날 아침에 웃어른께 데우지 않은 청주를 드시게 하여 귀가 밝아지길 바라며 또한 일 년 내내 좋은 소리를 듣기 기원하였다.

팥죽과 오곡밥

정월 보름 전날, 붉은팥으로 죽을 쑤어 먹는다. 붉은색이 악귀를 쫓는 색깔이기 때문에 팥죽을 숟가락으로 떠서 끼얹고 제사를 지낸다. 이러한 내용의 기록은 「형초세시기(荊楚歲時記)」에 적혀 있다.

또한 찹쌀, 찰수수, 팥을 각 2되씩, 차조와 대추가 1되씩, 콩 5홉을 섞어 밥을 지어 먹는다. 시루에 찌거나 냄비에 안쳐서 뜸을 충분히 들여야 촉촉한 잡곡밥이 된다.

약밥(藥飯, 藥食)

약밥의 유래는 「열량세시기(洌陽歲時記)」에 적혀 있다. 신라 소지왕(炤智王) 10년 정월 보름날 왕이 경주 남산의 천천정(天泉亭)에 거동하셨을 때 까마귀 떼로부터 좋지 않은 일이 있다는 글을 전해 받고서 환궁하였다. 까마귀 덕분에 역모를 꾀하던 무리들을 미리 처치할 수 있었다 하여 정월 대보름을 오기일(烏忌日)로 정하고, 검은색을 띤 약밥을 지어 제(祭)도 지내고 까마귀에게 먹이로도 주었다는 내용이다.

약식은 좋은 찹쌀을 물에 충분히 불려 고두밥을 쪄서 대추살, 황률 불린 것, 꿀, 참기름(眞油), 진장(眞醬), 흑설탕에 버무려 시루나 질밥통에 넣어 뭉근한 불에서 오래도록 찐 것이다. 다 쪄지면 위에 잣(實栢子)으로 고명을 얹는다.

정월 대보름 절식 후식으로 먹는 약식과 쌀, 찹쌀, 수수, 팥, 조, 콩 등을 섞어 지은 오곡밥과 여러 가지 나물에 양념하여 볶은 9가지 나물 등을 대보름날 먹는다.

묵은 나물 늦가을에 갈무해 두었던 호박, 가지, 박오가리, 곰취, 무청 등을 푹 불리거나 삶아서 갖은 양념하여 뜸을 잘 들여 구수하고 저분저분한 맛이 나야 한다.

묵은 나물(陳菜, 上元菜)

늦가을 갈무리해 두었던 호박, 가지, 박오가리, 곰취, 갓잎, 무청, 버섯, 순무 등을 말리거나 묵혀 두었던 것 아홉 가지를 나물로 하여 먹는다. 묵은 나물 만드는 법은 말린 나물 가운데 고사리, 고비, 고구마줄기, 도라지, 시래기 등은 푹 삶아서 물에 담가 우려내고 호박, 가지, 버섯 등은 불려서 물기를 꼭 짠다.

나물에 갖은 양념하여 냄비에 담고, 약간의 기름을 두르고 볶다가 물을 조금 두르고 뚜껑을 덮어 폭 뜸을 들여 저분저분한 나물이 되도록 한다. 이것이 묵은 나물 맛나게 하는 비결이다.

김쌈(海衣裏)

조선 김은 250년 전 전라도 완도에서 이미 양식되고, 150년 전엔 광양의 토산품으로 이름이 나 있었다.

복쌈은 복리(福裏) 또는 박점(縛苫)이라 하는데 참취 나물, 배춧잎, 김 등으로 밥을 싸먹는다. 복을 싸서 먹으며 풍년 들기를 바랐던 음식이다.

또한 대보름 또는 다른 명절이나 생일에도 꼭 상에 오르는데 이것을 먹으면 무병 장수한다 하여 복쌈이라고도 하였다. 김은 불에서 멀리 천천히 두 장을 겹쳐 구워야 그 향이 남아 맛있게 구워진다.

원소병(元宵餠, 圓小餠)

한자로 보면 정월 보름날 저녁, 작고 동그란 떡이라는 뜻이니 조선 중엽에는 상원날 절식으로 기록되어 있다. 그러나 조선 말엽에 창덕궁에 전래된 원소병은 떡수단과 같은 음료에 속해 있다.

찹쌀가루를 익반죽하여 흰색, 노란, 빨간, 파란색으로 물들여서 오래 치대어 반죽하여 대추만하게 떼어 대추소, 유자 절임 등을 다져 넣고 둥글게 빚어 녹말을 묻혀 끓는 물에 삶아 건져서 꿀물이나 오미자국에 띄워 낸다. 원소병 색은 은은히 들여야 좋다. 북경의 대보름 절식인 원소병처럼 끓는 설탕물로 반죽하여 대추소 넣고 큰 경단만큼씩 빚어서 설탕물에 삶아서 수단처럼 띄우기도 한다.

원소병

입춘(立春)

입춘날에는 춘련(春聯) 또는 입춘첩(立春帖)이라 하여 좋은 글 곧 '입춘대길(立春大吉)' 등을 써서 대문에 붙이고 일 년이 길하기를 축원하였다.

이 날은 입춘 오신반(立春五辛盤)인 시고 매운 생채 요리를 만들어 새봄의 미각을 돋게 했다. 또한 장을 담그는 시기이기도 하다.

음식으로는 탕평채(湯平菜), 승검초 산적, 죽순 나물, 죽순찜, 달래 나물, 달래장, 냉이 나물, 산갓 김치 등이다.

나물

입맛을 돋게 하는 생채의 재료로는 냉이, 달래, 움파, 멧갓, 승검초 싹 등이 있다. 이들은 경기도의 산골 지방 육읍에서 해마다 선물로 진상했다 한다.

냉이 나물

채소 가운데 단백질, 칼슘, 철분의 함량이 가장 풍부한 알카리성

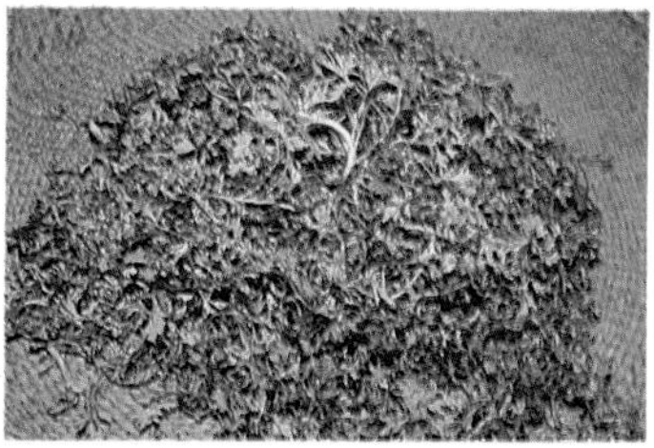

봄철 시식 봄에는 새로 나오는 여러 가지 채소로 냉이, 달래 등의 나물을 해먹기도 하고 겉절이도 하며 또한 쑥으로 쑥개떡, 쑥송편 등도 만들어 먹는다. 오징어구이도 제맛이 나는 때이다.

식품이다. 2월에서 3월경 들이나 밭에 새싹이 돋는데 흰색의 잔꽃이 피기 시작하면 쇠하여 먹지 않는다. 뿌리까지 깨끗이 다듬어 봄에는 모시조개를 넣고 냉잇국을 끓이고, 끓는 물에 데쳐서 고추장 또는 된장을 조금 넣고 조물조물 무쳐 냉이 나물을 한다.

달래 나물

밭이랑이나 논길에서 이른봄이면 전국 어디서나 캘 수 있다. 알뿌리가 크고 둥근 것이 매운 맛이 강하다. 온상 재배는 맛이 순하다.

음식으로 할 때는 알뿌리의 겉쪽 얇은 껍질은 벗기고, 수염도 함께 깨끗이 물에 씻는다. 달래는 되도록 생것으로 조리하여야 비타민C의 손실을 막을 수 있다. 달래전, 달래 생무침, 달래 된장찌개 등을 해먹는다.

죽순채와 죽순찜

죽순은 대나무의 지하경에서 돋아나는 어리고 연한 싹이다. 초봄 곧 눈이 녹아내리는 물을 듬뿍 흡수한 죽순은 감로 덩어리다. 키가 40, 50센티미터 자랐을 때 조심스레 밑둥을 약간 비틀듯이 하여 끊는다. 신문지에 재빨리 싸서 밑손질도 빨리 해야 그 맛이 특별나다. 요리를 할 때는 쌀뜨물이나 겨를 넣고 삶아 떫은 맛을 빼고, 냉수에 담갔다가 껍질을 아래쪽부터 깨끗이 벗긴다. 음식은 얇게 저며 썰어 초고추장에 찍어 먹는 죽순회와 죽순채, 죽순 장아찌, 죽순찜 등이 있다.

죽순채는 죽순을 빗살 모양으로 썰어서 볶은 나물이다.

죽순찜은 죽순을 큼직하게 썰어 갖은 양념하여 폭 찜을 한 것이다. 곧 다진 고기를 양념하여 죽순을 어여서 소를 박고 채소 볶은 것을 냄비 밑에 깔고 죽순을 얹는다. 물을 자작하게 붓고 간장으로

죽순찜 이른봄 대나무의 순을 잘라 삶아서 칼집을 내어 고기, 버섯 등을 넣어 간을 맞춘 육수를 부어 찜한 다음 위에 오색 고명을 얹는다.

간을 맞춰 끓이는데 이때 녹말가루를 물에 풀어 넣으면 걸쭉해진다. 달걀 지단채와 버섯 볶은 것을 얹어 낸다.

생것을 구하기 어려울 때는 통조림을 구하여 쓰는데, 이때는 빗살 모양으로 된 속의 사이사이에 석회가 엉겨 붙어 있으므로 깨끗이 씻어 내고 요리한다.

장 담그기

장을 담그는 시기는 입춘날 전에 아직 추위가 덜 풀린 이른봄에 담가야 소금이 덜 들어 삼삼한 장맛을 낼 수 있다. 단오날을 넘기면 소금이 많이 들어 맛이 없고, 날이 따뜻하여 제대로 우러나지 않는다. 메주는 늦가을(음력 10월)에 쑤어 겨우내 띄운 것이 맛있다.

장은 팔진미의 주인이라 했으니 장맛이 없으면 모든 음식이 제맛을 못 내게 되는 것은 당연하다. 고기, 생선, 기타 해물을 섞어 특별한 장을 만들어 음식에 넣으면 조미료의 역할을 충분히 해낼 수 있었다. 요즈음은 간단히 개량 메주로 편리하게 담가 쓰기도 한다.

진간장(眞醬)

절메주로 담그는데 이것은 절간에서 만들었다 하여 붙여진 이름이다. 보통 장과는 달리 메주를 12월에 쑤어 5월 초순에 담궈서 90일 되는 날 간장을 뜨는 점이 다르다.

진장맛은 절메주에 달렸는데 고종 때까지 나라에서 창의문 밖 절메주 전문가에게 추수절에 콩을 주어 메주를 쑤어 오게 했는데, 콩 한 섬이면 다섯 말만 받고 나머지는 그 보수로 주었다 한다.

된장

간장, 진장을 뜰 때 메주나 절메주를 가만히 들어 내어 으깨어 항아리에 담고 소금을 뿌려 두는데 너무 되면 소금물이나 묵은 장을 섞고, 너무 짜면 찹쌀과 멥쌀을 반반으로 섞어 밥을 지어 함께 찧어서 담는다.

장 담그기 팔진미의 주인은 장맛에서 나온다는 말이 있듯이 때를 놓치지 말고 간장을 담고, 메주를 떠서 된장을 만들고, 고추장을 담아야 한다.

탕평채(湯平菜)

봄이 오는 소식이 들리면 아지랑이가 아른거리고 노곤함이 밀려온다. 춘곤증이라고도 하는데 새콤달콤한 음식을 먹으면 훨씬 상쾌해진다.

탕평채는 이백여 년 전 조선의 영조(英祖) 대왕이 당파 싸움을 없애기 위하여 노론, 소론을 폐지하자는 탕평책을 논하였던 날 처음 선을 보여서 얻어진 이름이라고 옛 기록에 적혀 있다.

탕평채는 녹두묵을 젓가락 굵기로 썰어서 참기름, 소금으로 가볍게 버무려 담고 숙주, 짧게 자른 미나리, 물쑥 등은 데치고 다진 고기는 볶고, 김 부순 것, 달걀 황백 지단은 채 썰어 옆옆이 담아, 달고 새콤한 초장을 뿌려서 먹는다.

묵무침은 봄에는 녹두묵, 가을에는 도토리묵, 겨울에는 메밀묵이 제격이다.

탕평채 녹두묵을 무친 것으로 봄철의 대표적 음식으로 입맛을 돋군다. 녹두묵에 미나리, 숙주, 물쑥 등을 합하여 새콤달콤한 초장에 무친다.

중화절(中和節, 2월 초하루)

음력 이월 초하룻날을 중화절이라 한다. 정조 병진년(1766)에 중국 당나라의 중화절을 본떠서 농삿일을 시작하는 날로 삼았다.

가을 추수가 끝나고 오랫 동안 농삿일이 없어 머슴들은 별로 뚜렷한 일이 없었지만 이 달부터는 농사 준비가 시작되는 시기이므로 노비에게 음식을 마련해 주고 쉬게 했다. 농가에서는 이삭을 내려다가 떡가루를 만들어 송편을 빚어 노비들에게 나이 수대로 나누어 먹였고 하루를 쉬게 한다. 그래서 노비일 또는 머슴날이라 한다.

어촌에서는 흰떡을 쳐서 굵게 비벼 용떡을 만들어 용신에게 바치고 바다를 평온하게 해달라고 기원하였다.

노비일의 송편을 노비 송편이라 한다. 쌀가루로 흰떡을 만들어 큰 것은 손바닥만하게, 작게는 계란만하게 만든다.

소는 팥, 까만 콩, 푸른 콩, 꿀 또는 대추살, 삶은 미나리 등을 넣어 시루에 찌는데 이때 솔잎을 사이에 두고 쪄 내어 참기름을 바른다.

이 날은 콩을 주머니에 넣고 다니면서 먹으면 노래기가 없어진다고도 하였고 또한 온 집안을 깨끗이 청소도 한다.

삼월 삼짇날

3월 3일은 설날(1월 1일), 단오(5월 5일), 칠석(7월 7일), 중구(9월 9일)와 더불어 중절(中絶)의 하나이다. 강남 갔던 제비가 돌아오는 날이다. 새싹이 나고 꽃이 피는 삼월에 모든 이가 조를 짜서 산과 물이 있는 곳을 찾아 하루를 즐기는 것을 화전 놀이 또는 꽃달임이라 하고, 부녀자들이 머리를 감으면 머리결이 윤기가 나고 소담해진다고 하였다. 삼짇날 먼저 보는 나비의 빛깔로 나비점을 치는데 호랑나비나 노랑나비를 보면 길조(吉兆)라 하고 흰나비를 먼저 보면 양친 상(喪)을 당한다 하였다.

삼짇날의 절식은 두견화주, 두견화전, 꽃국수(화면), 수면 등이 있다.

두견화주(杜鵑花酒)

정월에 담았던 술밑을 내어 멥쌀과 찹쌀로 고두밥을 지어 버무려 둔다. 술밑이 적어 버무리기 어려우면 끓인 물을 식혀 술밑에 타서 쓴다.

두견화전과 두견화 화채 봄철에 화사한 두견화를 찹쌀 전병 위에 놓고 두견화전을 만들고, 꿀물이나 오미자 화채에 띄워 두견화(진달래) 화채를 만들어 맛과 멋을 함께 즐긴다.

술독에 메밥 한 켜, 찰밥 한 켜, 진달래꽃 한 켜를 켜켜로 놓고, 맨 위는 메밥 버무린 것으로 덮는다.

진달래는 꽃술을 따고 술 한 말에 한 제 정도 넣어야 술빛이 좋다. 1, 2주 지난 뒤 오지병에 가라앉혀 맑게 하여 마시면 그 냄새가 향기롭고 매우 사랑스럽다.

두견화전(杜鵑花煎)

전통적으로 만드는 법은 찹쌀가루에 꽃을 섞어 넣고, 소금물로 익반죽하여 색을 곱게 하여 둥글게 부친다. 궁에서는 비원의 옥류천에 나가 궁녀들이 그 자리에서 꽃을 따서 꽃떡을 지졌다 한다.

일반적으로 화전은 찹쌀가루를 익반죽하여 밤톨만큼 떼어 둥글 납작하게 만들어 술을 뗀 꽃을 올려 조그마하게 지져 낸다. 통영에서는 '참꽃 지짐이'라 하여 찹쌀 반죽을 크게 둥글 넓적하게 하여 꽃을 넉넉히 얹어 소담하게 부쳐 낸다.

두견화전 찹쌀가루를 익반죽하여 말랑하게 치대어 동글 납작하게 하여 술을 떼어낸 꽃을 얹어 기름에 지져 낸 찹쌀 전병이다.

들과 산에 아름답게 핀 꽃을 식탁에 올려 놓는다는 것은 우리 조상들의 멋스러움과 여유에서 오는 너그러운 생활의 일면을 볼 수 있다. 여름에는 노란 장미, 가을에는 국화, 봄에는 가장 맛이 감미로운 진달래꽃으로 전을 만든다. 진천에선 아들을 낳게 해달라고 기도하러 가서 제상에 꽃전을 올렸다는 기록도 있다.

두견화채와 청면

두견화채는 진달래꽃의 술을 떼고 살짝 씻어 건져 녹말을 입혀 끓는 물에 살짝 데쳐 내어 오미자국에 띄운다.

청면은 놋쟁반을 끓는 물에 앉혀 녹말물을 부어 얇은 녹말편이 되면 채 썰어 오미자국에 띄운다.

오미자국은 진하게 우려 생수를 부어 분홍빛, 신맛을 알맞게 맞추고 꿀로 단맛을 내어 차게 하여 건지를 계절에 따라 달리 띄운다.

삼월의 시식으로 두릅 산적, 승검초 산적, 생고사릿국, 복국, 뱅어탕, 숭어찜, 쑥국, 쑥경단, 쑥굴레 등이 있다.

청면 녹두 녹말에 꽃물을 넣어 국수로 만들어 익혀서 꿀물에 띄운 화채이다.

한식(寒食, 淸明節)

한식을 청명절이라 하고 동지부터 105일째 되는 날이다. 성묘는 일 년에 네 번으로 정초, 한식, 단오, 중추에 한다. 제물은 술, 과일, 포, 식혜, 떡, 국수, 탕, 적 등이다.

중국에서는 한식을 냉절(冷節)이라 하는데 그 유래로 인하여 우리도 이 날은 미리 장만해 놓은 찬 음식을 먹고 닭싸움, 그네 등의 유희를 즐기며 불을 쓰지 않는다.

중국의 춘추시대 때 개자추(介子推)라는 진나라 사람이 있었는데 그는 문공(文公)을 모시고 있었다. 그러나 충성을 다하여 망명 19년까지도 모셨지만 그에게 오해를 받아 산속에 숨어 살았는데, 나중에 문공이 잘못을 뉘우치고 산에서 나오기를 권했지만 나오지 않아 불을 질렀는데 늙은 홀어머니와 함께 버드나무 아래서 타 죽었다. 그래서 이 날은 버드나무를 대문에 꽂기도 하고, 개자추의 죽음을 아파하여 불을 쓰지 않고 찬밥을 먹으니 냉절이라고 한 것이다.

대개 양력 4월 5, 6일경이다. 이 날은 조상의 무덤에 떼를 다시 입히고 민간에서는 이 날을 전후하여 쑥탕, 쑥떡을 해먹었다.

쑥떡(艾餠)

찹쌀가루에 어린 쑥을 절구에 부드럽게 찧어서 함께 섞어 버무린 다음 시루에 안쳐서 푹 쪄 낸다. 켜켜로 안칠 때는 사이에 팥소를 얹어 찐다.

쑥단자(艾團子)

찹쌀가루를 찜통에 쪄서 뜨거울 때, 데쳐서 다진 쑥을 넣고 절구에 비취색이 나도록 찧어서 판판하게 펴고, 그 위에 꿀로 반죽한 팥소를 넣고 돌돌 말아, 꿀을 바른 양손으로 늘여 가며 밤톨만하게 끊어 흰 팥고물을 묻혀 낸다.

쑥탕

펄펄 끓는 물에 된장과 소금으로 간을 맞추고 조개를 씻어 넣고 펄펄 끓인다. 어린 쑥을 깨끗이 씻어 넣고 마지막에 실파를 넣고 한소큼 끓인다.

쑥

곡우절(穀雨節)

24절기의 여섯 번째로 농가에서는 못자리를 시작하고 실비가 내려 백곡을 기름지게 할 때이다. 이 날을 전후하여 인천 앞바다에서 잡는 조기가 살찌고 맛이 좋다고 하여 장안에서 조기국 먹기를 기다린 날이기도 하다.

또한 이때의 봄 조개는 가을 낙지라는 말처럼 제일 맛날 때이다. 대합탕, 대합 구이와 도미면, 도미찜도 도미가 살이 찔 때라 제맛이 난다.

또한 '마(薯蕷)'를 그대로 썰어 꿀에 찍어 먹거나, 쪄 먹기도 한다.

4월의 시식으로 증편(烝片), 개피떡, 화전(花煎), 어채(魚菜), 어만두(魚饅頭), 복어, 도미 등이 있다.

조기 맑은 탕

맑은장국에 청장으로 간하여 싱싱한 조기를 큼직하게 토막내어 넣고 잠시 끓인다. 불에서 내리기 직전에 쑥갓잎을 넣어 고소한

조기 맑은 탕 봄철 조기의 맛이 제일 맛날 때 맑은장국에 청장으로 간하고 조기 토막을 넣어 잠시 끓여 쑥갓잎을 넣는다. 고소한 조기맛과 향긋한 쑥갓향이 깔끔하다.

조기 맛과 시원하고, 향긋한 맛으로 먹는 시절식이다.

또한 '곡우살이국'이란 말은 연평도 근해에서 잡힌 어린 조기살 맛이 기막히다 해서 얻어진 이름이다.

냄비에 무우를 골패쪽으로 썰어 깔고 어린 조기(石首魚)를 씻어 안치고, 고추장과 된장을 풀은 장국을 붓는다. 펄펄 끓이다가 위에 계란을 풀어 얹어서 빨리 꺼내어 따끈하게 먹는다.

이때가 보통 양력 4월 20일경이 된다.

천렵

물이 따뜻해질 때니 천렵을 나가 물고기를 잡아서 지져 먹고, 어죽도 끓여 먹었다. 특히 참조기는 알을 낳기 위해 서해안을 따라 올라오므로 알을 통통히 밴 조기로 만든 찌개는 아주 맛있다.

도미 요리

4월이 되면 겨울잠에서 깬 도미가 알을 낳기 위해 새우, 낙지 등을 왕성하게 먹어 살이 도톰하게 올라 제일 맛이 있을 때이다.

도미찜

도미에 살짝 간하여, 도톰한 살 부위를 저며서 그 사이에 고기를 넣고 위에 붉은 통고추, 미나리, 버섯, 지단채 등으로 장식하여 통째로 찐 것인데 화려하고 담백한 맛을 낸다.

도미면

도미를 크게 떠서 전처럼 지져 도미 모양으로 맞추어 담고 곁에 화려하게 붉은 고추, 초대, 버섯, 지단 등을 골패쪽으로 썰어 곁에 담고 맑은장국을 부어 끓인 다음 당면이나 국수를 넣어 먹는다.

도미면 도미전에 갖은 고명을 얹어 장국을 넉넉히 부어 끓이면서 국수도 넣어 말아 먹는다. 주안상에 알맞은 음식이다.

도미탕

무 썬 것을 냄비에 담고 고추장을 푼 장국을 넣고 팔팔 끓으면, 고사리, 도미를 넣고 파, 마늘을 넉넉히 넣고 쑥갓을 넣어 끓인다.

복어국

복어는 하돈(河豚)이라 하고, 독이 많아 조심해서 조리해야 하는 음식이다. 살만 토막내어 참기름에 지져서 끓이면 맛이 기막히고, 해독이 되어 안심하고 먹을 수 있다고 한다.

어채와 어만두

어채는 생선을 저며 썰어 녹말을 입혀 데치고 오이, 국화잎, 전복, 석이, 표고도 데친다. 익힌 생선, 달걀 지단, 익힌 채소를 그릇에 함께 담아 초고추장과 함께 먹는다. 익힌 회라 하여 숙회(熟膾)라고

어채 숙회의 일종이다. 흰살 생선, 오이, 표고 등의 채소에 녹말을 입혀 데쳐서 초장, 초고추장을 찍어 먹는다.

하며 주안상에 차갑게 내는 음식이다.

어만두는 흰살 생선(민어)을 큰 조각으로 떠서 고기소를 넣고 만두 모양으로 만든다. 이것을 녹말에 묻혀 쪄 내어 초장에 찍어 먹는다.

장미 화전

찹쌀가루 반죽에 노란 장미 꽃잎을 얹어 기름을 두르고 지져서 먹는다. 이는 3월 삼짇날에 먹는 화병과 같은 것으로 유전(油煎)이라고도 한다.

대합 구이

대합을 살짝 익혀 입이 벌어지면 살을 꺼내 조갯살과 함께 다져 다진 쇠고기와 섞어서 양념한다. 이것을 조개껍질에 채워 담고, 밀가루, 달걀을 입혀 지진 다음 석쇠에 놓고 따끈하게 구워 낸다.

증편과 개피떡

증병(烝餠)이라고도 하는데 쌀가루를 술로 반죽하여 부풀어 오르게 한다. 그 다음 방울 모양으로 한 수저씩 떠서 삶은 콩을 꿀로 반죽하여 속에 넣는다. 그 위에 대추살을 얹어 찐다. 예전 서울에는 떡장수들이 증편을 이고 집집으로 팔러 다녔다.

청, 백색 두 가지인데 승검초(當歸)가루를 섞은 것이 청색이다.

개피떡은 흰색과 쑥을 넣은 푸른색의 떡에 팥소를 넣어 반달형으로 만든다.

개피떡 여러 번 쳐서 차지게 만든 떡덩이를 도톰하게 펴서 팥소를 넣고 종지로 찍어 통통한 반달 모양으로 만든 떡으로 일명 바람떡이라고도 한다.

사월 초파일(음력 4월 8일)

석가모니의 탄신일로 욕불일(浴佛日)이라고도 한다. 이 풍속은 고려 초에 정월 보름, 이월 보름에 국가와 백성의 안녕과 복을 빌기 위한 행사에서 유래되었다. 이 날은 절을 찾아 재(齋)를 올리고 연등을 단다. 불심(佛心)으로 부처님께 복을 빌고 탑돌이도 하고 연등 행렬도 하였다.

이 날의 저녁을 등석이라 하여 야간 통행 금지를 해제하고 각 가정에서 오색의 종이를 바른 등에 불을 붙여 밖에 걸어 놓아 거리의 조망이 아주 화려하였다.

이 날 절에서는 참배객에게 설밥을 대접한다. 소찬(素饌)으로 고기 없이 산채를 주로 하여 독특한 맛이 나는 별식을 낸다. 느티떡, 볶은 콩, 미나리 나물 등이 있다.

느티떡과 상추떡

느티떡은 느티의 연한 잎을 쌀가루에 섞어 설기떡으로 찐 것이다. 느티가 없을 때는 상추를 넣고 찐다.

상추떡은 멥쌀가루에 상춧잎을 넉넉히 뜯어 넣고, 설탕을 약간 넣고 고루 섞어서 시루에 안친다. 켜켜에 흰 팥고물을 얹어 쪄 내면 저분저분하고 맛있는 메떡이 된다.

비빔국수

골동면이라고도 하며 봄철 시식으로 입맛을 돋구는 데 안성마춤이다.

국수를 삶아서 건져 위에 고명으로 오이 나물 또는 봄나물, 고기 볶은 것이나 완자를 얹어 새콤한 초장이나 초고추장을 넣어 비벼 먹는다.

비빔국수(골동면) 삶아 건진 국수 사리 위에 갖은 재료를 얹어 양념장을 무친다. 따뜻한 장국을 함께 낸다.

볶은 콩

볶은 콩 또는 삶은 콩을 먹는데, 길거리에서 사람을 만났을 때 나누어 주면 불가와 인연을 맺게 된다고 하였다.

미나리 나물

데친 미나리와 파를 섞어서 무쳐 나물로 먹거나 돌돌 말아 강회로 하여 초고추장에 찍어 먹기도 한다. 이것을 먹으면 콜레라 등의 전염병에 걸리지 않는다고 한다.

미나리 강회 미나리를 데쳐 물기를 없애고 편육, 달걀 지단, 고추 등과 함께 돌돌 말아 초고추장에 찍어 먹는다.

단오(端午, 음력 5월 5일)

천중절(天中節) 또는 수릿날이라고도 한다. 여름 더위가 시작되는 날이라 창포 삶은 물에 머리를 감고 세수하고 홍색, 녹색의 새옷을 입는다. 단오날 오시(午時)에 익모초, 쑥을 뜯어 말려 두었다가 일년 내내 약용으로 쓴다. 이 날이 연중 가장 양기(陽氣)가 많은 날이라 했다.

또한 지금은 없어졌지만 단오 차례라고 하여 각 집에서는 이른 아침에 여러 가지 제물을 가묘에 괴고 제사를 지냈다.

고을에서는 중앙에 있는 관리에게 부채를 바쳐 여름의 시작을 알리고, 조정에서는 헌납받은 부채를 하사했다. 궁중의 내의원에서는 제호탕을 만들어 왕께 바치면 신하에게 하사하여 여름 더위를 막도록 해주었다. 여자들은 그네뛰기, 남자들은 씨름을 즐기고, 혼인한 여자는 친정 나들이를 하였다.

단오 때의 음식으로는 수리치떡, 앵두 화채, 준치국, 붕어찜, 제호탕, 앵두편, 도행병, 준치 만두가 있다. 또 항간에서는 장을 담그기도 한다.

수리치떡

수리취나 쑥을 짓이겨 멥쌀가루에 넣어 녹색이 나면 반죽하여 쪄서, 쫄깃하게 친다. 친 떡을 굵게 가래떡으로 비벼서 수레바퀴 모양의 떡살로 문양을 낸 절편이다.

제호탕(醍醐湯)

약이면서도 청량음료이다. 단오절부터 여름 내내 시원한 냉수에 타서 마시면 더위를 타지 않고 갈증을 없앤다 하였다. 백청(白淸; 꿀)을 끓여서 오매말(烏梅末), 백단향(白檀香), 축사(縮砂), 초과(草果)를 가루로 하여 넣은 것이다. 백항아리에 넣어 먹을 때 냉수에 몇 숟가락씩 타서 마신다. 그러면 가슴이 시원하고 그 향기가 오래도록 남는다.

제호탕 단오절에 시식으로 한약제를 가루로 하여 꿀에 재웠다가 냉수에 타서 먹는 한방 청량음료이다. 이것을 마시면 더운 철 내내 더위를 먹지 않고 갈증을 없앤다.

준치국 준치는 매우 맛난 생선이나 가시가 많기 때문에 정성을 기울여 가시를 발라 생선살과 다진 고기를 합하여 동글게 빚어서 밀가루를 입혀 쪄서 준치 만두를 만들어 장국에 띄운 준치국은 별미이다.

준치 만두와 준치국

준치는 생선 가운데 가장 맛있다는 것이라 진어(眞魚)라고도 한다.

준치는 유난히 가시가 많은 생선으로 그것에 대한 전설이 있다. 옛날 사람들이 맛있는 준치만 잡아 가서 멸종의 위기에 놓이게 되었다. 그러자 용궁에서는 묘책으로 물고기들 자기의 가시 한 개씩을 빼서 그 생선에게 박아 주면 사람들이 쉽게 잡지 않으리라는 의논이 모아져 결국 유난히도 가시가 많은 생선이 되었다고 한다.

준치 머리 쪽의 뼈를 모아 맞추어 새의 형상을 만들어 앵두를 주둥이에 물려서 처마 끝에 매달아 두면 새가 된다는 풍습이 있어 할머니들은 그냥 가시를 버리지 않았다.

준치의 가시를 바르는 방법은 준치를 통째로 쪄서 윗부분의 살을 가만히 나무저로 들어 내고, 가운데 가시를 들어 낸 다음 다시 고운 체에 살을 올려 두고 나무 주걱으로 내려서 잔가시를 골라야 한다. 살만 발라 둥근 완자를 만들어 국을 끓이거나, 밀가루에 여러 번 굴려 준치 만두를 만든다.

도행병(桃杏餠)

복숭아와 살구가 무르익었을 때 만드는 계절 음식이다. 초여름에 나는 각종 과일을 즙을 내어 쌀가루에 버무려 설기를 쪄 먹는다. 과일즙 섞은 가루를 말려 두었다가 가을, 겨울에도 해먹었다 한다. 예전에는 쌀가루를 보관하는 법으로 말려 두었는데 근래에는 쌀가루를 냉장고의 냉동실에 얼려 두면 아주 편리하다.

앵두편과 앵두 화채

앵두편은 앵두(살구, 모과)를 살짝 쪄서 굵은 체어 걸러 살만 발라 설탕을 넣고 졸이다가 녹말을 넣어 굳힌 것이다. 생률과 함께 담아 낸다.

앵두 화채는 단오날 민가에서 즐겨 만들어 먹는 청량음료이다. 앵두를 따서 깨끗이 씻어 씨를 빼서 설탕이나 꿀에 재워 두었다 먹을 때 오미자 국물에 넣고 실백을 띄워 낸다.

앵두 화채 단오날 민가에서 먹던 청량음료로 앵두알의 씨를 빼고 설탕에 재워 두었다가 오미자국에 넣고 실백을 띄워 낸다.

유두(流頭, 6월 보름)

'유두'는 '동류두목욕(東流頭沐浴)'이란 말에서 온 것이며 풍속은 신라시대에서 온 것이다.

고려시대에 씌여진 「동도유속집(東都遺俗集)」에 "6월 보름을 유두일이라 하고 맑은 개울에서 멱을 감고, 궂은 것을 털어버리고 선비들은 유두 음식을 차려 물가에서 풍월을 읊는 유두연(流頭宴)을 베풀었다"라는 기록이 있다.

유두날 전후로 나온 햇과일인 참외, 오이, 수박과 떡을 빚고 국수를 말아 사당에 제를 올리는데 이를 유두천신(流頭薦新)이라 한다.

삼복이 끼어 있는 무더운 한여름이니 부인들은 약수를 찾아 머리를 감고 물맞이를 하며 놋솥에 밥을 지어 제를 드린다.

유두의 절식으로 유두면, 수단, 편수, 밀쌈 등이 있다.

유두면(流頭麵)

이 날 유두 국수를 먹으면 수명이 길어진다고 하여 햇밀로 국수를 눌러 닭국물에 말아 먹는 것이다.

떡수단 꿀물에 건지로 흰떡에 녹말을 입혀 삶아 내어 넣은 냉음료이다. 보리쌀을 삶아 넣으면 보리 수단이다.

수단과 얼음

아이들에게 찹쌀 또는 밀가루로 수단(水團)을 만들어 준다. 흰떡 모양으로 빚어서 썬 다음 녹말을 씌워 삶아 내어 꿀물에 넣어 먹는 것이다.

밀가루를 반죽하여 구슬처럼 빚어 오색으로 물들여 세 개씩 포개어 색실로 꿰어 허리에 차거나, 대문에 걸어 잡귀를 쫓기도 한다.

또한 궁에서는 얼음표를 만들어 신하에게 나누어 주고 빙고에 가서 얼음을 타다 쓰게 했다.

편수와 밀쌈

밀가루 반죽을 얇게 밀어 호박이나 오이 채 썬 것을 넉넉히 넣고 찌거나 차가운 장국에 띄워 먹는 것을 편수(片水)라 한다.

밀전병을 얇게 부쳐서 오이, 버섯, 고기 등을 가늘게 채 썰어 볶아 넣거나, 깨소를 꿀에 버무려 넣은 밀쌈이 있다.

상추쌈 상추, 쑥갓, 실파를 푸짐하게 놓고, 생선 감정, 절미된 장조치, 장똑똑이, 보리새우 볶음, 약고추장, 참기름 등을 넣어 밥과 함께 쌈을 싸서 먹는다.

상추쌈

우리 특유의 밥 먹는 법에는 '쌈'이라는 것이 있으니 취, 상추, 호박, 배추, 김 등으로 밥을 싸서 먹는다.

상추는 '부루'라고도 하여 생(生)취라고도 한다. 한자로는 와거(萵苣)라 한다. 상추는 삼국시대 때에 고구려의 특산물로 수나라가 가져 갔다는 기록이 있으니, 그 역사가 매우 오래 된 것이다.

상춧잎을 깨끗이 씻어 마지막 헹굴 때 참기름을 쳐서 씻어서 건져 둔다. 곁들여 쌈에 넣어 먹는 반찬으로 볶음 고추장, 웅어(병어)를 넣어 자작하게 끓인 생선 감정, 쇠고기를 자잘하게 채 썰어 양념하여 볶은 장똑똑이, 보리새우 볶음 등을 마련하고 참기름을 넉넉히 준비하여 쌈에 넣어 먹는다.

궁에서의 쌈 싸먹는 방법은 상춧잎을 손바닥에 올려 겉면이 위가 오도록 하여 뒤집어 싸서 먹어야 체하지 않는다 하였고, 상추는 냉한 음식이니 다 먹고 난 다음엔 따뜻한 계피차를 먹어야 몸에 좋다 하였다.

규아상

미만두(규아상)는 더운 계절에 먹는 만두로 찌거나 냉국에 띄우는데 해삼 모양으로 빚었다 하여 미만두라 하고, 궁에서는 규아상이라 불렀다.

오이를 껍질 부분만 돌려 깎아 곱게 채 썰어 절였다 살짝 볶는다. 약간의 고기와 표고버섯 볶은 것을 합하고 실백을 한 알씩 넣어 만두소로 사용하고, 둥글게 찍은 만두 껍질에 한 수저씩 넣어 해삼 모양으로 위에 주름을 꼬집듯이 잡아서 찐다.

이때 담쟁이잎을 깔고 만두를 얹어 쪄 낸다. 담아 낼 때는 푸른 담쟁이잎을 깔고, 오이가 많이 들어 새파랗게 비치는 만두를 담고 초장을 곁들인다.

구절판(九節板)

구절판은 아홉 칸으로 나누어진 그릇 이름인데, 그대로 음식 이름이 된 것이다.

예부터 밀전병, 칼국수, 수제비, 상화병 등 밀가루 음식은 햇밀이 나오는 초여름에 많이 해서 먹는 시절식인데, 구절판도 밀쌈의 일종이다. 구절판은 그릇이 목기로 되어 있는 것이 보통인데 겉면에는 자개를 박아 그릇 자체가 호화롭고, 속에 드는 음식 재료는 가지가지 동식물성이 함께 옆옆이 담아진다. 밥상 차림보다는 주안상에 잘 어울린다.

우리나라의 주부는 식품을 가늘게 채 써는 기술이 매우 좋아서 우리나라 사람만이 잘 할 수 있는 특별 음식이다.

구절판 바깥쪽 여덟 칸에는 곱게 채 썰어 그대로 또는 볶아서 식힌 쇠고기, 표고버섯, 오이(호박), 당근, 숙주(죽순), 석이버섯, 달걀 흰자, 달걀 노른자, 달걀 검은자(흰자에 석이버섯 섞은 것)를

구절판 밀전병에 8가지의 재료를 색 맞추어 돌려 담아, 원하는 것을 넣어 싸서 먹으며 겨자장, 초장을 넣어야 맛나다. 그릇 이름과 음식 이름이 같다.

색 맞추어 돌려 담는다. 가운데 칸에는 매우 얇게 부쳐 낸 전병을 담는다. 이것은 밀가루 반죽에 소금 간만 하여 재주껏 둥글게 부쳐 내야만 한다.

먹을 때는 접시에 밀전병 한 장을 놓고 갖은 음식을 조금씩 담고서 위에 겨자장이나 초장을 넣어 싸서 먹는다.

칠월 칠석(7월 7일)

7월 7일을 칠석(七夕)이라 한다. 칠석날에는 은하수에 까치와 까마귀가 오작교(烏鵲橋)를 놓고, 동쪽의 견우성과 서쪽의 직녀성이 만나 슬픔과 기쁨의 눈물을 흘리느라 대체로 날이 흐리고, 비가 온다고 한다.

부녀자들은 마당에 바느질 차비와 맛있는 음식을 차려 놓고 문인들은 술잔을 교환하면서 두 별을 제목으로 시를 지었다.

또한 볕이 좋을 때 옷과 책을 말린다. 집집마다 우물을 퍼 내어 청결히 한 다음 시루떡을 해서 우물에 두고 칠성제를 지낸다.

음식으로 밀국수, 밀전병을 하고 잉어를 재료로 음식을 만들며 오이 김치나 복숭아, 수박으로 과일 화채를 만들어 먹는다.

밀전병

밀가루를 체에 쳐서 묽게 반죽한 것에 곱게 채 썰은 호박을 넣는다. 번철에 기름을 넉넉히 두르고 지져서 따끈할 때 양념장에 찍어 먹는다.

여름 음식 삼계탕, 냉면, 육개장, 규아상 등이다.

밀국수

밀 음식은 여름철 주식의 하나이다. 긴 여름해에 쌀과 보리가 동이 나면 미역국을 펄펄 끓여 부드럽고 질게 반죽한 밀가루나 메밀가루를 떼 넣어 별미로 해먹었다.

맛있게 끓이는 방법은 밀가루에 생콩가루를 섞어 끓는 물로 오래 반죽한다. 반죽한 것을 얇게 밀어 칼국수로 만들어 끓는 물에 삶아 낸다. 끓인 장국에 삶은 국수를 담고 위에 고명으로 호박 나물과 고기를 다져서 만든 섭산적, 달걀 지단채를 얹어 낸다.

국수를 삶아 헹궈서 장국에 넣은 것을 건진 국수라 하고, 그대로 장국에 넣어 끓이면 제물 국수라 한다.

과일 화채

제철에 나오는 과일로 만드는데 여름철엔 복숭아나 수박으로 화채를 만들어 먹는다.

땀을 많이 흘려 부족하기 쉬운 수분 보충과 함께 과일의 비타민을 섭취함으로써 영양을 보충해 주기도 한다.

복숭아 화채

빨간 복숭아를 깨끗이 씻어 껍질을 벗기고 은행잎 모양으로 얇게 썰어서 꿀에 재운다. 설탕이나 꿀을 넣은 단물에 절인 복숭아를 넣고 실백을 띄워 낸다.

수박 화채

수박의 과육만 내어 한입 크기로 잘라 씨를 빼고 화채 그릇에 담고 설탕을 뿌려 낸다.

또는 수박통을 깨끗이 씻어 위를 삼분의 이 정도 도려 내고, 과육을 숟가락으로 잘게 잘라서 설탕이나 꿀을 넣고 얼음을 넣어 잘 섞는다. 뚜껑을 덮어, 먹는 이들의 앞에 놓고 각각 자유로이 떠먹는 방법이 있다.

시루떡

칠석날 고사에 쓰던 것은 붉은팥을 얹어 찐 버무리떡이고, 고명이나 다른 부재료를 안 쓰고, 흰 쌀가루만으로 찐 떡을 백설기라 한다. 백설기는 여름철 떡의 으뜸으로 그 맛이 매우 부드럽고 색이 눈같이 하얘서 노인과 어린이 간식으로 매우 좋다.

팥 시루떡 고사를 지낼 때는 붉은팥을 통으로 삶아 찧어 쌀가루를 시루에 안치고, 그 위에 얹어 쪄 낸다.

삼복(三伏)

우리나라의 4계절 가운데 초복, 중복, 말복이 지나는 30일 동안은 장마 뒤여서 습기가 많은 때이고, 섭씨 30도에서 35도로 더위가 심할 때이다. 산의 물가에 가서 복놀이를 하며 음식을 만들어 먹으면서 더위를 잊고, 오행의 원리로 열이 있는 것을 먹음으로써 더위에 지친 몸과 마음을 보양하였다.

복음식으로 삼계탕, 개장국(보신탕), 닭죽, 육개장, 임자수탕, 민어국, 팥죽 등이 있다.

삼계탕과 보신탕은 조선 후기의 기록인 「동국세시기」「경도잡지」「열량세시기」에 전한다.

또한 적소두죽(赤小豆粥)이라 하여 붉은팥으로 죽을 쑤어 동지와 같은 의미로 잡귀를 빨간색으로 쫓아 열병을 예방하였다.

삼계탕

검은 영계에 백삼, 황기를 넣어 끓인 것도 있고 영계에 찹쌀, 백삼, 마늘을 넣은 영계 백숙을 만들어서 닭살은 소금에 찍어 먹고,

삼계탕 삼복의 보신 음식으로 닭고기에 인삼, 대추, 찹쌀을 넣고 고아서 소금, 후추로 간하여 먹는다.

국물엔 찹쌀을 넣어 닭죽을 쑤어 소금과 후추로 간을 하여 먹는다. 물가에 나가서도 천렵을 하며 닭죽을 끓여 먹는다.

또한 임자수탕(荏子水湯;깻국탕)이라 하여 깨를 불려 껍질을 벗기고 볶아서, 곱게 갈아 체에 밭친 뽀얀 국물과 영계를 푹 삶아 고은 국물을 섞어 소금으로 간을 맞춘다. 건지로 미나리 초대와 오이, 버섯, 등골전 등을 녹말에 묻혀 데쳐서 넣어 만든 고소하고 영양이 풍부한 냉국이다.

개장국(狗醬)

살찐 개를 삶는데 파, 마늘을 넉넉히 넣고, 차조기잎과 계란이나 죽순을 넣어 끓여 고춧가루를 쳐서 밥을 말아 먹는다. 이열치열(以熱治熱)이니 복중의 뜨거운 음식은 한여름 땀을 많이 흘려 허해진 몸을 보호한다는 의미를 더해서 '보신탕'이라는 이름이 붙었다.

개를 잡는 일이 곧 복날의 옛 행사이고, 지금까지 삼복의 가장 좋은 음식이라 전해 오고 있다.

육개장(肉介醬)

민간인은 개장국을 먹고 관리층에서는 육개장을 먹었다. 육개장은 맛있는 쇠고기 양지머리 부분을 오래도록 푹 삶아 찢어서 매운 양념을 하여 다시 국물에 넣고 끓인다.

여기에 파를 큼직하게 갈라 넉넉히 넣고 고춧가루를 기름에 개어 넣어 맵게 끓인 국이다. 매운 국은 간이 잘 맞아야 맛있고, 파는 끓는 물에 슬쩍 데쳐 넣는다. 건지로 고사리, 토란대, 숙주 등을 넣기도 한다.

육개장 쇠고기, 내장을 푹 고아서 맵게 양념하여 무쳐서 끓는 장국에 넣고, 파를 넉넉히 넣어 맵게 끓인 고깃국이다.

민어

민어는 6월이 가장 기름져 맛있고 애호박도 그때가 제철이다. 민어 매운탕은 고추장을 풀어 넣은 장국에 민어와 도톰하게 썰어 넣은 호박을 넣고 파, 마늘, 생강 등으로 양념하여 끓여 낸다. 한여름 쌈에 곁들여 먹으면 뜨겁고 얼큰한 것이 일품이다.

민어는 날회나 어포로 말리고, 숭어 다음 가는 어란의 좋은 재료이다.

민어에 소금을 뿌려 말려서 암치 자반으로 하였다가 보풀리어 참기름에 무쳐 내면 죽 반찬 또는 노인, 아이들, 회복기의 환자에게 꼭 맞춤인 음식이 된다. 또한 민어의 부레는 매우 값비싸 무게가 나갈수록 상품이다. 작게 썰어 볶으면 구슬같이 된다는 뜻에서 아교주(阿膠珠)라 하여 보약의 재료로 썼다.

민어 매운탕 고추장을 풀어 넣은 장국에 기름진 민어를 토막 내어 넣고 호박을 넣어 뜨겁고 얼큰하게 끓인다. 한여름 쌈과 함께 곁들여 먹으면 일품이다.

백중절(7월 15일)

7월 15일은 백중절(百中節), 백종일(百種日) 또는 망혼일(亡魂日)이라고 한다. 이 날에는 망혼을 위하여 절에서 제를 올려 극락으로 인도한다.

백중절엔 밀가루에 박잎이나 깻잎을 넣어 지지고 햇감자와 밀가루로 전을 부쳐 사당에 제향한다. 7월 보름을 전후하여 마을 형편에 따라 택일한다. 이 날을 초연(草宴) 또는 머슴날이라 하여 호미씻기를 한다. 이때쯤엔 힘든 농삿일도 거의 끝나 호미를 거둘 때가 되었다는 데서 온 말이다. 이 날은 농사가 잘된 집의 머슴을 뽑아 상을 내리고 술로 노고를 위로 한다. 7월의 시식으로 증편, 밀전병, 육개장, 게, 전유화, 오이 김치, 깻국탕, 김칫국, 냉면, 어채, 열무 김치, 생실과 등이 있다. '농가월령가'의 7월령에는 각종 밑반찬을 마련하는 데 적당한 시기라 하여 애호박, 도라지, 더덕, 깻잎 부각, 풋고추 부각, 감자 녹말 등을 마련하여 저장하여 두었다 쓴다.

가을철에 접어들어 선선한 바람이 불기 시작하면 게장, 게찜, 두부, 햇실과, 떡 등을 만들고 멸치젓, 어리굴젓도 담근다.

7월에는 입추, 처서, 말복의 시절 행사가 있다.

각색 부각 날 좋은 날 고추, 동백잎, 김, 깻잎, 깨송이, 감자 등에 찹쌀풀을 발라 또는 그대로 바삭하게 말려 두었다가 조금씩 꺼내어 높은 온도의 기름에 타지 않게 튀겨 낸다. 밑반찬이나 안주로 좋다.

고추 부각 만들기

고추는 어리고 연한 것으로 골라 물에 씻어 건져 물기를 그대로 두고 찹쌀가루를 살살 묻혀 찜통에 찐다. 이것을 햇볕에서 말린다. 바삭하게 말려 종이 봉지에 담아 건조한 장소에 둔다. 필요할 때마다 조금씩 꺼내어 180도 정도의 기름에 타지 않게 재빨리 튀겨 낸다. 튀긴 고추를 목기에 담고 설탕을 뿌린다. 깻잎, 참죽도 같은 방법으로 말리고 호박, 무, 가지, 고춧잎 등은 좋은 날에 잘 말려 둔다.

석탄병(惜呑餠)

달고 향기로운 맛이 차마 삼키기 아깝다 하여 석탄병이라 한다. 감이 잘 익고 단단하게 되면 껍질을 벗겨서 작게 썰어 말려 가루로 만들어 멥쌀가루에 섞고 설탕, 꿀, 귤을 넣어 고루 섞는다. 다시 잣가루, 계핏가루를 섞어 시루에 안치고 대추, 황률 삶은 것을 채 썰어 잣가루와 섞어 그 위에 흩뿌리고 백지에 물을 적셔 얹어 쪄 낸다.

멸치젓과 새우젓

멸치젓은 생멸치에 소금을 뿌려 여러 켜로 하여 꼭 눌러 두었다가 잘 삭으면 가을 김장철에 쓴다. 위에 고이는 생젓국은 생채, 나물 등을 무칠 때 쓰고, 생선은 물을 넣고 푹 끓여 걸러 멸치액젓으로 만들어 김치 담글 때 쓴다.

새우젓은 5월에 잡아서 담은 것을 오젓, 6월 것은 육젓, 삼복이 지나서 잡은 것은 추(秋)젓이라 한다. 이 가운데 육젓을 제일 상품으로 친다.

게장

게장은 참게를 소금물에 담갔다가 깨끗이 씻어 고명으로 생강, 마늘, 실고추, 통깨를 넣고 간장을 붓는다. 삼 일 만에 한 번씩 간장을 달여서 세 번쯤 붓는다. 참게는 디스토마의 염려가 있어 근래에는 참게로 하지 않고 꽃게로 대신 담가 먹는다.

게장

여러 가지 젓갈 싱싱한 해물에 15퍼센트 정도의 소금을 쳐서 절여 두면 단백질의 분해로 맛있게 된다. 밥 반찬, 밥맛 없을 때 좋고 개운한 감을 주니, 밥 도둑이라는 말도 있다.

한가위(8월 15일)

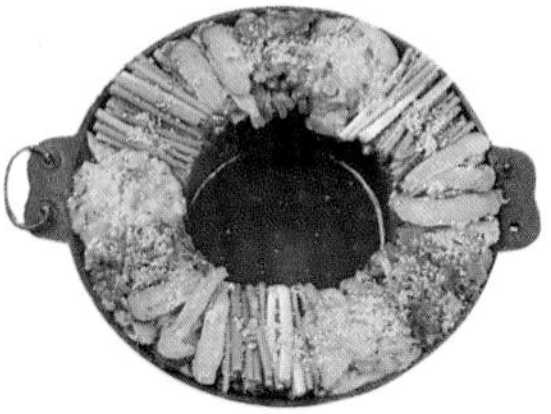

8월 보름날을 한가위, 추석(秋夕) 또는 가배일(嘉俳日)이라 하여 정월 명절과 더불어 제일 큰 명절이다. 이 달에는 추분(秋分)이 들어 있고, 농삿일도 거의 끝나고 햅쌀과 햇과일이 나오기 시작한다. 하늘은 높고 날씨는 쾌청하여 예부터 "더도 덜도 말고 한가위만 하여라"라는 말이 있다.

이 날엔 햅쌀로 밥도 짓고 송편도 하고, 술도 빚어 신도주(新稻酒)라 하여 조상께 수확의 기쁨을 추석 차례로써 알린다. 새옷 차림으로 차례를 지내고 음복하고, 음식을 이웃과 나누어 먹은 다음 집안 식구가 산으로 성묘간다.

추석날에 남자들은 씨름판에서 힘을 겨루고, 여자들은 널뛰기를 한다. 저녁에는 식구가 평상에 앉아 둥근 달을 보며 담소하고, 남쪽 지방에선 강강술래를 부르며 춤을 춘다.

추석의 차례 음식으로는 정월 차례 때의 떡국 대신 햅쌀밥과 편 대신 송편을 놓는다. 주, 과, 포, 탕, 적, 혜, 나물, 침채(김치), 청장을 정해진 굽이 있는 제기에 담고, 위치는 가풍이나 지방에 따라 조금씩 다르게 차린다. 8월의 시식으로는 오려 송편, 햇과일, 토란탕, 송이버섯 요리, 배숙, 화양적, 느르미적 등이 있다.

가을 시식 가을에는 송편, 각색 전, 버섯 잡채, 닭찜을 먹는다.

송편 쌀가루를 익반죽하여 밤톨 만하게 떼어 우묵하게 파서 청대콩, 밤, 녹두, 대추, 깨, 팥 등을 넣고 조개 모양으로 빚는다. 솔잎을 사이사이에 두고 쪄 낸다.

오려 송편

올벼로 찧은 오려쌀로 만들어서 오려 송편이라고 한다. 쌀가루에 쑥, 송기, 치자로 맛과 색을 달리하여 끓는 물로 익반죽하여 오래도록 치대어 마르지 않게 젖은 보자기로 덮어 둔다. 송편소로 거피팥, 햇녹두, 청대콩, 꿀이나 설탕과 소금으로 맛을 낸 깨 등이 있다.

송편 반죽을 밤톨만하게 떼어 가운데 우묵하게 우물을 파서 소를 넣고 빚는다. 시루에 솔잎을 송편 사이사이에 두어 쪄 낸다. 모양은 지방마다 달라 북쪽은 대체로 크고, 서울은 작게 빚는다. 조개 모양 또는 손자국을 내서 황해도, 강원도 지방은 소박하게 빚는다. 경상도 지방에서는 쑥 대신 모시잎을 뜯어 삶아 섞는다. 쌀 대신 감자 녹말, 고구마 녹말로 빚기도 한다. 송편을 쪄 내어 찬물에 재빨리 넣었다가 건져 참기름을 바르는데 오래 두었다 먹거나 멀리 가져갈 것은 물에 씻지 말고, 솔잎이 붙은 채 바구니에 담아 둔다.

정초에 절편이나 흰떡을 하듯이 친 떡으로 송편을 빚으면 쫄깃한 것이 맛나다.

토란탕

토란은 추석절부터 나오기 시작하며 흙 속의 알이라 하여 토란(土卵)이라 하고, 연잎같이 잎이 퍼졌다 하여 토련(土蓮)이라 한다. 토란은 전분이 대부분이고 미끈거리기 때문에 조리할 때는 꼭 소금물이나 뜨물에 삶아 쓴다.

토란은 토란탕, 산적, 찜, 조림, 구이, 장아찌, 엿 등을 해먹는다.

토란탕은 국거리로 양지머리나 사태를 푹 곤다. 곱창과 양을 합하여 곰국을 끓여도 좋다. 흠씬 무른 고기를 썰어 양념하여 넣고 무, 삶은 토란, 다시마를 넣어 폭 끓여 낸다. 산적이나 구이 등을 할 때는 갸름한 모양을 택한다.

닭찜

햇닭이 살이 올라 제일 맛이 있을 계절이므로, 채소를 합하여 찜을 하든가 북어와 다시마를 넣고 갖은 양념하여 찜을 하면 구수하

닭찜 닭고기에 북어, 다시마 또는 채소를 넣고 양념 간장을 넣어 찜하면 구수하다.

다. 토막낸 닭에 칼집을 넣어 양념 간장과 생강, 고추 등을 넣어서 간이 어느 정도 배면 닭을 번철에 넣고 누룻이 지져 낸다. 이때 지져서 기름을 빼면 닭 특유의 냄새도 없이 매우 맛있다. 다 되면 계란 채 썬 것으로 고명을 얹어 낸다.

배숙

배수정과라 하여 곶감 대신 배를 넣은 것인데 예전에는 작고 단단한 문배를 사용하였다. 배를 통째로 삶아 꿀물이나 설탕물에 담근 것을 말한다.

생강을 편으로 썰어, 알맞은 매운 맛의 생강물을 만들어 둔다.

배는 여섯 쪽 또는 다시 반 나누어 삼각형으로 하여 가도련한 다음 속을 빼내고 등쪽에 통후추를 깊이 박는다. 생강물에 설탕으로 단맛을 내고, 배를 넣어 말갛게 익혀서 차게 식혀 그릇에 담고 잣을 띄운다. 익힌 배라 하여 이숙(梨熟)이라 한다.

배숙 생강물에 설탕으로 단맛을 내고 배를 깎아서 통후추를 박아서 넣고 끓여 식힌 음료이다. 다과상에, 또는 후식으로 낸다.

밤단자 찹쌀가루를 찐 다음 오래도록 쳐서 쫄깃하게 되면 밤고물을 묻힌다.

햇밤

햇밤을 푹 삶아서 반으로 갈라 작은 숟가락으로 파내어 체에 쳐서 밤고물을 만든다. 여기에 꿀과 계핏가루를 넣어 반죽하여 다식판에 박으면 밤다식이고, 밤 모양으로 빚으면 율란이 된다. 밤을 설탕물에 넣어 졸이다가 꿀로 볶아 내면 밤초가 된다. 잣가루를 묻혀 낸다. 차례상에는 좋은 밤만 골라 속껍질까지 예쁘게 생률을 쳐서 돌려 담아 올린다.

버섯 요리

8월에는 가지각색의 버섯이 나는 철로 옛날에는 첫째가 표고, 둘째가 송이, 셋째가 능이, 넷째가 느타리, 다섯째가 석이, 여섯째가 목이라 하였다. 그 밖의 것은 잡 버섯(싸리버섯, 밤버섯 등)이라 하고 못 먹는 것은 독버섯이라 했는데 표고가 흔치 않아 제일로 쳤다.

느타리버섯 산적 느타리버섯과 그 밖의 재료를 꼬치에 꿰어 양념장에 재웠다가 굽는다.

송이버섯은 원래 공기가 맑은 산중에서도 소나무나 잣나무 밑에서 자라 그 향과 모양이 고상하다. 조선시대 때는 남산에서 자란 것을 최고로 쳤고, 한때는 양주 망월사의 것을 최고로 쳤다.

송이로 맛나게 음식을 하려면, 양념을 되도록 적게 하고 슬쩍 익혀야 송이 특유의 향을 즐길 수 있다.

송이회

연한 생송이를 잘 씻어 얄팍하게 썰고 오이도 같은 크기로 썰어 참기름과 소금을 합한 곳에 넣어 가볍게 무쳐 낸다. 그대로 또는 초고추장이나 겨자를 찍어 먹는다.

송이버섯탕

끓는 맑은장국에 살짝 익혀 실파와 지단을 띄워 낸다.

송이 산적

도톰하게 저며 썰어서 쇠고기와 번갈아 꿰워 석쇠에 굽는다.

송이밥

장국으로 밥물을 하여 솔잎향이 높은 송이와 햇밤, 햇은행을 돌솥에 햅쌀과 함께 고슬하게 짓는다.

화양적

꼬치에 갖은 재료를 꿰어서 화려하고, 영양면에서 치우침이 없는 별식이다.

만드는 법은 쇠고기 산적에 통도라지, 당근, 표고, 오이, 달걀을 양념하여 볶고, 익혀서 길이를 5, 6센티미터, 폭을 1센티미터 정도로 하여 꼬치에 색색이 뀐다. 각각을 익혀서 꽂은 것이니 접시에 둥글게 색동으로 돌려 담는다. 접시 가운데 비는 곳에는 간장에 졸여 녹말로 갈쭉하게 한 홍합초를 담는다. 화양적의 맛이 조금 담백하니 잣가루에 참기름, 소금, 후추로 잣집을 만들어 얹어 낸다. 또는 밀가루, 달걀을 씌워 지져 내면 누름적이 된다.

화양적 쇠고기 산적, 통도라지, 당근, 표고, 오이, 달걀을 각각 익혀서 꼬치에 꿰어 잣집을 얹어 내는 화려한 산적류이다.

추석은 백로, 추분의 절기이니 채소를 갈무리하여 호박 오가리, 박오가리, 가지 오가리를 한다. 농가에서는 수수 이삭을 따고 황률도 말리고 물고추도 따서 말리고, 참깨, 들깨도 털고, 박은 켠 뒤 바가지를 만든다. 또한 산에 가서 머루, 다래도 따서 오니 농가에서는 수확의 재미가 큰 반면에 바쁘기 이를 데 없다.

그 밖에 8월 음식으로 무와 호박을 섞어 시루떡을 해먹고, 또 찹쌀가루를 쪄서 쳐서 알맞게 잘라서 깨나 콩가루를 입혀 인절미를 만든다.

찐 찹쌀가루를 밤알 크기로 떼어 삶은 밤고물을 묻혀 밤단자 또는 대추 다진 것을 찹쌀가루에 섞어서 고물로는 밤, 대추, 석이채 합한 것을 묻혀서 대추 단자를 만든다. 또 같은 방법으로 토란 단자도 한다. 단자는 찹쌀에 물을 많이 주면 맛이 적어지나, 빨리 굳지는 않는다. 꿀을 손에 바르고 떼어야 잘 떼어지고 맛도 좋다.

추석상 차림 햇콩밥, 토란탕과 송편, 고기찜, 장김치, 산적 등으로 상을 차린다.

중양절(9월 9일)과 늦가을의 절식

삼짇날에 왔던 제비가 강남으로 떠나는 날이다. 중양(重陽) 또는 중구(重九)라 한다.

중구란 말은 9가 겹쳤다는 뜻이고, 중양이란 홀수인 숫자가 2개 겹쳤다는 뜻이다.

중국의 시인 도연명 때부터 시작된 풍습으로 술친구를 찾아가거나 술을 선물하는 풍습이 있다. 선비들은 단풍을 주제로 시를 짓고, 부녀자들은 내방 가사를 읊고 농부들은 농악을 울리며 즐겼다.

국화 요리

이때는 국화가 만발하므로 국화로 여러 가지 음식을 한다.

국화주

만발한 국화꽃을 따서 술 한 말에 꽃 두 되 정도로 베주머니에 넣어서 술독에 담가 두고, 뚜껑을 꼭 덮으면 향이 짙은 국화주가 된다. 약주에다 국화꽃을 띄워서 마시기도 한다.

국화전 가을날 찹쌀가루를 익반죽하여 동글 납작하게 빚어 노란 국화잎을 얹어 화전을 부친다.

국화전(菊花煎)

각 가정에서는 찹쌀가루로 익반죽하여 국화 꽃잎을 얹어 화전을 지진다. 이날의 별미이다.

국화 화채

국화꽃을 녹말을 씌워 익혀서 꿀물 또는 오미자국에 건지로 얹는다. 이때에는 자잘한 국화꽃(소국)을 말려 베갯속에 넣으면 국화향이 머리 속을 맑게 하여서 즐겨 이용했다.

어란(魚卵)

전통적으로 만드는 법은 숭어알이나 민어알을 깨끗이 씻어 소금을 뿌려 절여서 하루 동안 말린다. 종이에 싸서 차곡차곡 두었다가 2, 3일 뒤에 다시 꺼내 볕에 하루 동안 말렸다가 다시 싸둔다. 이렇게 하기를 세 번 한 다음 두고 쓴다. 껍질을 벗기고 썰어서 참기름을 발라 놓는다.

유자

9월의 대표적 식품 가운데 유자는 그 향기가 일품이다. 유자를 이용하여 유자 화채와 유자 절임을 하여 단자와 두텁떡의 소, 유자차, 유자 정과를 한다.

유자는 귤보다 색이 노랗고 껍질이 두텁고 향이 짙고, 찬바람일 때 잠깐이라 더욱 귀하다.

유자 절임과 유자청

유자 껍질은 4등분하여 설탕에 재우고, 유자 속도 따로 절여 둔다. 하루가 지나 노란 유자청이 고이면 따라 두고, 설탕 시럽을 끓여 식혀서 위가 완전히 덮히도록 부어 둔다.

유자 유자는 귤보다 색이 노랗고 껍질이 두텁기 때문에 향이 짙다.

유자차

유자차를 할 때는 유자 속 절임을 주전자에 담고 물을 부어 끓으면 찻잔에 건지 없이 차만 담고 유자 절임을 채 썰어 넣고 유자청을 한 숟가락 넣어 향기와 단맛을 더한다. 뚜껑이 있는 찻잔에 담고 위에 잣을 띄워 낸다.

유자 화채

유자를 4등분하여 속은 따로 설탕에 재우고, 껍질은 속의 흰 부분과 노란 부분을 따로 하여 채 썬다. 배도 채 썰고, 석류의 빨간 알을 낱낱이 떼어 둔다. 큰 푼주에 절여 놓은 유자 속을 담고, 그 위에 유자와 배 채 썰은 것을 돌려 담고 가운데에 석류알을 얹고 실백을 얹는다. 맑은 물에 설탕이나 꿀로 단맛을 맞추어 가만히 부어 먹을 때는 섞어서 각자의 화채 그릇에 담는다. 입안의 유자향이 매우 그윽하다.

유자 화채 유자를 4등분하여 속은 따로 설탕에 재우고, 껍질은 속의 흰 부분과 노란 부분을 따로 하여 채 썬다. 배도 채 썰고, 석류의 빨간 알을 낱낱이 떼어 둔다.

유자 정과

유자 절임을 작게 썰어서 꿀로 볶아 낸다. 유자 절임은 곱게 다져서, 두텁떡 또는 단자를 할 때 팥소와 함께 넣으면 그 향이 매우 그윽하다.

요즈음은 간단한 방법으로 처음부터 유자 껍질을 채 썰어서 넉넉한 설탕 시럽에 재워 두었다가 필요할 때 덜어서 유자차나 화채를 만든다.

도루묵찜

도루묵은 숭어, 고등어와 함께 늦가을의 생선인데 감칠 맛은 별로 없다.

이 생선의 본래 이름은 '묵'이었는데 피난가서 어느 임금이 너무 맛있게 먹어서 은어(銀魚)라는 이름으로 고쳐 불렀다. 그런데 서울로 돌아와 그때의 맛있던 '묵'의 생각이 나서 먹었더니 너무 맛이 없어서 도루 묵으로 하라고 하여서 이름이 후세에 '도루묵'이라 전해졌다는 것이다.

찜을 만드는 전통적인 방법은 도루묵과 고기, 마른취잎이나 호박을 오래 된 토기에 넣고 양념하여 끓이면 맛이 더 좋다.

상달(上月)

10월에는 입동, 소설의 절기가 있는 계절로 겨울 날씨에 접어들었으나 아직 햇볕이 따뜻하여 소춘(小春)이라고도 한다. 10월을 상달(上月)이라 하여 민가에서는 가장 높은 달이라 했다.

이 달의 무오일(戊午日)인 말날에는 상마일(上馬日)로 쳐서 말을 위해 마굿간 앞에 시루 팥떡을 놓고 고사를 지내고 길일을 택해서 신곡을 가지고 떡을 찧고 술을 빚어서 터줏대감굿을 하는데 이것을 성주제라 한다. 5대조 이상의 조상께 시제(時祭)를 올리고 단군에게 신곡을 드리는 제사인 농공제를 지낸다.

10월의 시식으로는 시루떡, 무 시루떡, 만두국, 열구자탕, 변씨 만두, 연포탕, 애탕, 애단자, 밀단고, 강정 등이 있으며 김장을 담근다.

10월 상달의 고사떡은 추수 감사의 뜻이 담긴 절식이고 대추, 감, 밤도 저장하여 두면 겨울을 알리는 첫서리가 내리더라도 농사하는 백성들은 겨울 채비를 마치면서 한숨을 돌리게 된다.

물호박떡 늙은 호박을 납죽납죽 썰어서 설탕에 재웠다가 쌀가루와 함께 버무려 시루에 거피 팥소를 켜켜이 놓고 쪄 낸다. 구수한 맛이 일품이다.

떡

추수를 끝낸 뒤 햅쌀로 떡을 해먹고 제도 지낸다.

메시루떡

멥쌀가루를 시루에 켜켜로 안쳐서 찌는 것인데 쌀가루에 무엇을 섞었는지, 고물은 무엇을 얹었는가에 따라 떡의 명칭이 달라진다.

떡을 찔 때 주의할 것은, 시루에 가루를 안쳐 김이 새지 않도록 시루번을 잘 돌려 붙이고 처음엔 뚜껑을 덮지 말고 불을 지펴서 얼마 뒤에 떡에서 김이 오르는 것이 보이면 이때 짚으로 짠 뚜껑(짚방석)을 덮어야 물이 차지 않는다. 근래에는 간편한 방법으로 찜통에 찌는데 이때는 젖은 보를 깔거나 창호지를 오려 밑에 깔고 가루를 안친다.

멥쌀가루로만 하면 메떡이고, 찹쌀가루로만 하면 찰떡인데 멥쌀과 찹쌀을 합하여 반찰떡을 하면 잘 부서지지도 않고, 빨리 굳지 않아서 좋다. 예전엔 반찰떡을 무당떡이라고도 했다.

붉은팥 시루떡

멥쌀을 불려 가루로 하여 소금 간을 하고 설탕을 적당히 넣어 단맛을 낸다. 팥고물은 통팥을 무르게 삶아 찧어 소금으로 간한다. 시루에 팥고물 한 켜, 쌀가루 한 켜 이렇게 되풀이하여 안쳐서 쪄 낸다. 붉은팥은 잡귀를 물리치는 색이라 하여 고사 때 쓰고 경사 때는 거피 팥을 쪄서 흰 고물로 하여 쓴다.

물호박떡

청둥호박(늙은 호박)을 고지로 말리지 않고, 납죽납죽 썰어서 설탕에 재웠다가 쌀가루와 함께 버무려 시루에 안쳐 쪄 낸다.

뜸을 잘 들여 쏟아 내면 따끈한 것이 꿀을 넣은 듯 달콤하고 부드럽다. 한 그릇에 담아 수저로 떠 먹으면 제격이다. 여름철에는 상추, 초파일에는 느티를 섞어 찐다.

무 시루떡과 호박 고지 시루떡

무 시루떡은 찰가루에 무채를 섞어서 찐 것이다.

호박 고지 시루떡은 단호박 말린 고지를 불렸다가 찰가루와 섞어서, 거피 팥고물을 얹어 시루에 켜켜로 안쳐 찐 것이다.

김장

해마다 음력 10월이면 겨울철 먹을 김치를 한꺼번에 담근다.

김치는 채소를 저장하여 먹을 것이라 소금에 절였고, 또한 미각의 발달이 보다 맛난 것을 찾음으로 해서 자연적으로 여러 종류의 김치가 생기고 맛이 날로 달라져 가고 있다.

김장의 시기는 입동 전후에 담아, 겨울 추위가 오기 전 알맞게 익어질 무렵에 추위가 닥쳐야 제맛이 나게 된다.

통배추 김치 김장 때 또는 평소에 배추를 절여, 무로 채를 썰어 고춧가루로 양념하여 소를 넣어 맛나게 익힌다. 맛과 영양이 좋은 우리의 대표적 음식이다.

세계적으로 유명해진 김치는 현대인의 식생활을 균형 있게 하는 데 제격이다. 알카리성 식품인 채소 요리이고, 비타민C가 충분하고, 젖산 발효에 의해 특별한 맛과 소화에도 도움이 된다. 또한 생선, 젓갈 등을 넣어 단백질을 보충해 주고, 마늘의 항암 작용이 있어 더욱 권할 만한 우리의 대표적 음식이다. 다만 현대인의 건강을 위하여 너무 짜게나 너무 맵게 먹는 것은 해로우니 짜지 않게 담도록 한다.

김장 때 담는 김치로는 통배추 김치, 깍두기, 동치미, 섞박지, 보쌈김치가 대표적이다.

김치의 시작은 한사군 시대에 소금 절임부터 시작되어 지금과 같이 고춧가루를 넣은 김치는 17세기 고추가 들어온 뒤이다.「음식디미방」(1670년경 한글 요리서)에 7종류,「산림경제」(1715년경)에 8종류,「증보산림경제」(1776년)에 34종의 김치 만드는 법이 기록되어 있다.

「음식디미방」에 있는 김치 담는 법은 간장이나 기름에 볶아 천초, 후추로 양념했거나 소금에 절였던 것이 전부였다.「산림경제」

여러 가지 김치 재료와 담그는 방법에 따라 이름을 달리하여 김치, 장아찌, 절임, 깍두기, 동치미, 짠지, 식해로 나눌 수 있다. 종류가 약 60여 종이 되고 김치 담는 데 사용되는 재료는 100여 종이 된다.

김장 김치 김장 때 담는 김치로는 통배추 김치, 깍두기, 동치미, 섞박지, 보쌈김치가 대표적이다.

에는 고추가 등장하여 김치 담는 법이 다양해진 것을 볼 수 있다.

김치의 종류는 재료와 담그는 방법에 따라 이름을 달리하여 김치, 장아찌, 절임, 깍두기, 동치미, 짠지, 식해로 크게 나눌 수 있는데 그 종류가 약 60여 종류가 되고, 김치 담그는 데 사용되는 재료는 100여 종에 이른다. 주재료는 무, 배추, 오이, 기타 채소와 부재료로 소금, 과일, 파, 마늘, 고추, 생강, 생선, 젓갈류 등이 이용된다.

지방마다 기후가 달라 김치 담그는 법과 재료가 달라 향토식의 김치가 매우 특색 있게 발달되었다. 서울의 통김치, 개성의 보쌈김치, 공주의 깍두기, 평안도의 동치미가 유명하다.

난로회(煖爐會)와 신선로(열구자탕)

예전에는 숯불을 화로의 가운데에 지펴 놓고, 번철을 올려 쇠고기에 기름, 간장, 파, 마늘, 고춧가루 등으로 조미하여 둘러 앉아 먹었는데 이를 난로회라 하여 날씨가 차지니 이때부터 먹는 음식으로 추위를 막는 시절 음식이다. 또 쇠고기, 돼지고기, 무, 오이, 훈채, 계란을 섞어 장탕을 끓였는데 이것이 지금의 신선로이다.

변씨 만두(卞氏饅頭)

메밀가루로 만두 껍질을 만들고 채소, 닭고기, 돼지고기, 쇠고기, 꿩고기, 두부, 파와 양념을 합하여 소를 만들어 세모나게 빚어서 장국에 익혀 먹는다. 메밀가루 대신 밀가루로도 하는데 만두 이름을 변씨 만두라고 한 것은 변씨 성을 가진 이가 처음 만들었다 하여 붙여진 명칭이다.

연포탕(軟泡湯)

전통법으로는 두부를 가늘게 썰어 꼬치에 꿰어 기름에 부친 것을 닭고기국에 넣어 끓인 것이다. 포는 두부를 뜻하는데 회남왕(淮南王) 때 시작되었다 한다. 지금은 조리법이 많이 변하여 두부 전골로 하여 먹는다.

유과(油菓)

유과는 예부터 내려오는 과자 가운데 으뜸이다. 유과는 산자, 강정, 빙사과 등으로 그 모양과 고물에 따라 이름이 다르다.

경사 때, 제사 때 꼭 차리는 음식으로 입에 넣으면 바삭하게 부서

지면서 사르르 녹는 데 유과의 매력이 있는 것이다.

유과를 담는 그릇은 옛날엔 버들동구리에 넣어 보관하여 두고 먹었다.

찹쌀 4컵을 깨끗이 씻어 1주일 정도 골마지지게 담가 두었다가 깨끗이 씻어, 곱게 가루로 만든다. 콩물 삼분의 일 컵, 설탕 3큰술, 소주 2큰술을 물에 합하여 넣어, 약간 부수수하게 반죽을 만든다. 찜통에 고루 익도록 쪄서, 꽈리가 나도록 쳐서 녹말가루를 묻혀 0.5센티미터 두께로 민다. 산자는 가로 3, 세로 4센티미터, 강정은 가로 1, 세로 4센티미터, 빙사과는 잘게 썰어 잘 말린다. 낮은 온도의 기름에 넣어 천천히 부풀리면서 높은 온도의 기름으로 옮겨 바삭하게 튀겨 내어 기름을 뺀다. 꿀물에 담갔다가 잣, 흰깨, 튀밥 부순 것을 고물로 묻힌다.

산자 유과의 일종으로 경사나 제사 때에 꼭 올리는 음식이다.

동지(冬至)

동지는 음력 11월 중에 천세력에 정해져 있고, 양력으로 12월 22, 23일경으로 일년 중 밤이 가장 길고, 낮이 가장 짧은 날이다. 동지를 아세(亞歲) 또는 작은 설이라 부르기도 하는데 이는 동지 팥죽을 쑤어 먹어야 나이를 한 살 더 먹는다는 것이다.

동지 팥죽엔 반드시 찹쌀로 새알심을 만들어 죽 그릇에 먹는 사람의 나이 수만큼씩 넣어서 먹는 풍습이 있다. 옛날에는 관상감에서 다음 해의 달력을 만들어 모든 관원에게 나누어 주고 제주도에서는 동지 무렵 귤과 감자를 진상하고 평안도, 함경도에서는 메밀 국수로 냉면을 하여 먹고, 청어를 천신했다 한다.

궁에서는 동지 절식으로 우유와 우유 죽(타락죽)을 내공신에게 내려 약으로 썼다.

팥죽

동지 팥죽은 먼저 사당에 놓아 차례를 지낸 다음 방, 마루, 광 등에 한 그릇씩 떠다 놓고, 대문이나 벽에다 팥죽을 뿌리고 난 다음에 먹는다. 이 풍습은 팥이 액을 막고 잡귀를 없애 준다는 데서 나온 것이다. 또한 색이 붉어 잡귀를 쫓고자 할 때 사용되고 있다. 그래서 동네의 고목에도 뿌리는 풍습이 있다.

전통적인 만드는 방법은 삶은 팥을 걸러, 물을 적당히 섞고 소금 간하여 동노구(큰솥)에 한참 곤다. 쌀을 넣고 퍼지면 새알심을 넣고 다시 쑤어 꿀을 조금 치고 꺼내는데, 새알심은 팥 삶은 물과 생강즙을 조금 넣어 빚고, 고을 때 대추를 넣으면 매우 좋다.

팥죽을 맛나게 끓이는 응용법은 처음에 팥을 후루룩 삶아 첫물은 버리고, 새물을 붓고 삶아야 쓴맛이 없다. 새알심은 익반죽하고, 폭 삶은 팥을 굵은 체에 걸러서 오래도록 달이다가 쌀을 넣고 잘 퍼졌을 때 새알심을 넣는다. 소금 간을 하여 그릇에 푸고 식성에 따라 꿀로 단맛을 더한다.

팥죽 동지 팥죽은 잡귀를 쫓고자 집 안 이곳 저곳에 떠 놓거나 뿌린 다음 나이 수만큼 새알심을 넣어 먹는다. 삼복의 시식이기도 하다.

우유

우유는 서양 풍물이 들어온 것이라 생각하기 쉬운데 우리나라의 「고려사」에 보면 시인 이순의가 관에 상고한 기록에 "우유를 약용으로 즐겨하여 의관들이 농민의 젖소를 징발하여 우유 죽을 만드니 경기도 지방의 농사를 지을 소마저 상하게 하니 이를 금하게 해달라" 하는 것이 있다. 몽고와의 교류 뒤 국가의 상설 기관으로 유우소(乳牛所) 또는 목우소(牧牛所)가 조선 때에는 타락색(駝酪色)으로 이름이 바뀌었다.

타락이라는 이름은 돌궐(突厥)어의 '토라크'에서 나온 말인데 원래는 말린 우유를 뜻했다. 조선조에선 우유제를 통틀어 타락이라 불렀다.

우유를 그대로 마시는 일은 드물고 낙죽 혹은 전약(煎藥)의 재료로 썼다. 특히 왕의 병에는 궁전 안의 약방에서, 대신의 병에는 왕이 하사토록 하여 이를 만들어 올렸다.

전약

우유에 말린 생강, 정향, 계심, 꿀을 섞어 만든 것을 전약이라 한다. 고려 때 팔관회의 진찬이었다. 우유가 부족할 때는 대신 우족고(牛足膏)를 쓰고, 말젖으로 대용하는 일이 있었다고 전한다.

우유 죽(타락 죽) 쑤는 법

쌀 1컵을 곱게 갈아 체에 밭쳐 3컵의 물을 붓고, 된죽을 쑤다가 2, 3컵의 우유를 넣고 몽우리 없이 풀어 홀홀하게 하여, 따끈할 정도로만 데워 낸다. 식성에 따라 꿀, 소금을 넣어 먹는다.

끓이면 맛이 시어지고 너무 시간이 지나면 삭으니, 죽을 쑬 때는 돌솥에 나무 주걱이 제일 좋은 도구다. 죽의 반찬은 부드럽고 작게 하며, 된장조치보다는 젓국조치가 잘 어울린다.

흰 죽은 쌀의 일부는 참기름을 넣고 갈아서, 먼저 쌀의 6배의 물을 붓고 끓이다가 나머지 통쌀을 넣고 잘 퍼지도록 끓여 내면 한 보시기의 흰 죽이 보약보다 낫다 한다.

냉면

주로 함경도나 평안도 지방에서 바깥의 기온이 얼어붙어 있을 때, 따끈한 구들목 위에서 이가 시리도록 즐겨 먹었다는 풍속이 전해지는데 요즈음엔 이열치열이 아닌 한더위 때에도 어느 누구를 막론하고 좋아하는 음식이 되었다.

냉면은 메밀을 곱게 가루 내어 몹시 가늘게 국수를 뽑아 삶아서 찬물에 씻어 건져 두고 위에 무, 오이, 배, 유자, 돼지고기 편육, 달걀

냉면 메밀국수를 삶아 양지머리 국물과 동치미 국물을 합한 차가운 국물에 만다. 편육, 배, 오이, 달걀 등을 얹어 겨자, 식초 등을 넣어 맛을 낸다. 이열치열로 겨울철 제맛을 낸다.

지단채를 얹는다. 살얼음이 낀 동치미 국물을 붓는다. 겨자와 식초로 맛을 맞추어 먹는다.

비웃구이와 비웃젓(青魚醢)

청어는 기름진 겨울철 생선으로 일반 민가, 나라에서는 청어를 종묘에 천신하는 풍습이 있었다. 청어는 기름기가 많아 고소하여 구워 먹는 것이 주로였고, 보관이 어려워 쫄깃하고 기름진 젓을 담아 먹었다. 한 마리씩 꺼내어 갖은 양념하여 쪄 먹기도 한다.

선달(12월)

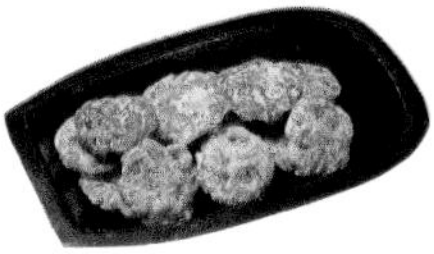

선달을 납월이라 하고 동지로부터 세 번째 미일을 납일이라 하고, 이때의 제사를 납향(臘享)이라 한다. 납일 밤에는 새잡기를 하여 고소하게 구워 먹고, 먹은 아이들은 병에 걸리지 않는다 하였다. 또 이 날 내린 눈은 약이 된다고 하여 독 안에 담았다가 눈에 바르면 눈병이 낫고, 책이나 옷에 바르면 좀이 쓸지 않는다고 했다.

충청도에서는 엿을 곤다. 선달 그믐밤(除夕)은 새잡기를 하고 주부들은 차례에 쓸 제물과 세찬, 정월에 두고두고 먹을 후식류도 미리미리 마련하고, 남정네들은 집 안팎 대청소를 한다. 남에게 빚이 있는 사람은 이 날 빚을 모두 청산하고 빚 받을 사람은 이 날이 지나면 정월 보름까지는 빚 독촉도 못하게 된다.

그믐날 밤 자정엔 청죽(青竹)을 불에 태운다. 이를 '폭죽' '대불놓기'라 하는데 대마디 터지는 소리로써 악귀를 물리치기 위함이다. 그믐날 밤 수세(守歲)는 집안 구석구석에 불을 밝히고 잠을 자지 않고 지켜서 잡귀가 못 들어오게 하는 것인데 이 날 밤 잠을 자면 눈썹이 희어진다 하였다. 혹 잠이 들면 눈썹에 흰 가루를 칠하고 다음날 아침, 눈썹이 셋다고 놀려 주었다.

묵은 세배를 웃어른께 드려, 일 년을 무사히 지냈음을 고마워하며 인사드렸다. 이때는 김, 북어, 고기 등을 갖고 간다. 평시에 나라에서는 백성에게 세 가지를 금했는데 주금(酒禁), 송금(松禁), 우금(牛禁)이 있다. 그러나 세모나 정초에는 세찬이나 차례에 쓸 육류 때문에 잠시 우금을 해제한다. 조선의 고기 요리는 쇠고기를 으뜸으로 여겨 쇠고기 요리가 많다. 설농탕(설렁탕), 족편, 돼지고기찜 등이 있다.

비빔밥(골동반)

비빔밥은 여러 가지 재료를 모았다는 뜻으로 골동이란 이름이 붙여진 듯하다. 제사를 지내고 종부가 한 그릇씩 제꾼에게 돌리거나 농사꾼들의 들밥으로 또 섣달 그믐날의 음식 정리를 위해 만들어 먹는다. 서울식의 비빔밥은 고슬한 밥을 참기름과 소금으로 양념하여 갖은 나물로 조금씩 섞어 비비고 그 위에 각색 나물, 전, 다시마 튀각을 얹고 고추장을 곁들인다.

전주 비빔밥은 콩나물, 엿고추장, 육회, 청포묵이 들어가고, 진주 비빔밥은 조갯살 볶은 것을 얹고 무, 선지, 나물을 넣어 끓인 탕국을 함께 준다. 통영의 비빔밥은 생김 무침, 무나물 등을 얹어 준다. 이렇듯 비빔밥은 그 지방의 특산물이 고루 얹어져 제각기 독특한 맛이 있다. 원래 비빔밥은 따뜻하게 먹는 음식인데 요즈음엔 돌솥 비빔밥이 유행하여 먹기조차 힘들 정도로 뜨겁다.

인절미(引切餠)

인절미는 찹쌀, 차조, 기장 등 찰곡식을 가루로 만들어 쪄서 안반에 두고 떡메로 쳐서 매우 차지게 하여 썰어서 거피 팥, 볶은 콩가

비빔밥(골동반) 밥 위에 여러 가지 재료를 모았다는 뜻으로 골동반이라고도 한다. 지방마다의 특산물을 고루 얹어 제각기 독특한 맛이 있다.

인절미 찹쌀, 차조, 기장 등 찰곡식을 가루로 하여 쪄서 매우 차지게 친 것을 썰어서 고물을 묻힌 찰떡이다.

루, 검은깨, 잣가루 등을 고물로 입혀 둔다. 오래 두고 쓸 것은 고물 없이 따뜻할 때 재빨리 얼려 두었다가 필요할 때 꺼내어 고물을 묻힌다.

이두 문자로 인절병, 인재미로 기록되어 왔다. 인절미는 체증이 심한 환자, 허약한 사람에게 장복시키면 그 효과를 본다고 전해져 왔다.

흰떡(白餠)을 뽑아 따끈할 때 가늘게 비벼서 자잘하게 끊어 골무떡을 만들어 꿀을 찍어 먹는다.

또 차례상에 얹기 위해 멥쌀가루로 흰떡을 쳐서 나무 떡살로 무늬를 내어 절편(切餠)을 하거나, 손을 세워서 가래떡을 꼬리 있게 잘라 위에 색떡을 얹어 둥근 떡살로 꼭 눌러 꽃절편을 만든다.

족편 쇠족과 고기를 오래도록 고아 젤라틴이 된 것을 양념하고 고명을 얹어 굳힌 영양가 있는 묵이다.

족편

쇠족을 넉넉한 물에 12시간쯤 푹 고아 흐물흐물해지면 꺼내어 뼈를 발라 내고, 곱게 다져 갖은 양념하여 간을 하여 끓이다가 그릇에 부어 지단채, 잣가루, 고춧가루를 적당히 뿌려 굳힌다. 그 위에 꿩고기를 삶아 다져서 갖은 양념하여 얹어 함께 굳혔다.

돼지고기찜

돼지고기를 큼직하게 썰어 생강을 넣고 푹 고아 낸 다음 갖은 양념하여 찜 그릇에 담아, 찜통에 넣어 푹 쪄 낸다. 달걀 지단채, 석이, 실고추를 위에 얹어 낸다.

해물전 흰살 생선과 새우에 밀가루, 달걀을 입혀서 번철(팬)에 기름을 두고 지진다.

내장전과 간전

부아는 끓는 물에 삶아 건져서 얇게 저며 소금, 후추, 참기름에 무쳐서 밀가루, 달걀을 입혀 기름을 두르고 지져 낸다.

천엽은 깨끗이 씻어 소금을 넣고 주물러 헹궈서 칼집을 넣어 참기름으로 양념하여 같은 방법으로 지져 낸다.

간전은 간을 저며 썰어 체에 놓고, 소금을 뿌려 흔들어 씻어 물에 헹군다.

메밀가루를 묻혀 기름을 두른 팬에 바삭하게 지져 낸다.

설농탕(設農湯)

500여 년 전 세종대왕이 선농단(先農壇)에서 친경(親耕)을 하던 중 비가 와서 움직이지도 못하고, 몹시 배가 고프고 지쳐 있었다.

왕의 명으로 소를 잡아 물을 부어 푹 끓여, 민가에서 얻은 소금으로 간을 하여 먹은 것이 그 유래라 할 수 있다. 주로 서울 음식이던 것이 이젠 겨울철 또는 보음식으로 모두가 즐기게 되었다.

전통적인 만드는 방법은 쇠고기와 소의 내장을 무르게 삶아 뽀얗게 되면 고기를 찢어 넣고 파, 마늘, 기름, 생강 등의 양념을 따로 놓아 소금 간을 맞추어 뜨겁게 먹는다.

쇠꼬리는 국물에 고추장, 청장, 파를 많이 넣고 곤다.

근래는 그대로 뽀얗게 끓여 고기는 양념장에 찍어 먹고, 국물은 소금 간하여 양념 등을 넣어 먹는다.

수정과 생강 달인 물에 단맛을 맞추어 부드럽게 불린 곶감을 넣고 잣을 띄워 차게 마시는 겨울철 음료이다.

수정과

자잘하고 단감으로 가을에 잘 말려 두었다가 하얀 분가루가 난 것으로 해야 제맛이 난다. 달고 차가운 청량음료이니 우리나라의 한겨울에 자랑할 만한 맛이다.

곶감을 달인 물에다 생강과 잣을 넣은 것을 말하는데 만드는 법은 생강을 얇게 저며서 물을 붓고 끓여 건더기는 건지고, 진한 생강 맛이 난 국물에 설탕 또는 꿀, 통후추를 넣어 다시 한소금 끓여 식혀서 따로 담아 둔다.

곶감은 잘 만져 씨와 꼭지를 떼고 또는 실백을 박아서 국물의 일부를 덜어 딴 그릇에 불려 둔다.

상에 낼 때 화채 그릇에 곶감을 담고 차가운 국물을 떠 부은 뒤 실백과 계핏가루를 뿌려 낸다.

식혜 고두밥을 엿기름물에 삭힌 다음 달콤한 식혜물에 밥알을 띄운다. 명절과 큰일 때 후식으로 한 대접 마시면 소화가 잘 된다.

식혜

명절에 푸짐한 음식을 맛있게 먹고 난 뒤 후식으로 시원한 식혜 한 대접을 먹으면 절로 소화가 잘 된다.

멥쌀을 고슬하게 찜통에 쪄서 엿기름물을 부어 50, 60도에서 5시간 정도 삭힌다. 밥알이 떠오르면 일부는 건져 찬물에 헹궈 두고, 나머지는 설탕을 넣고 한소금 끓여 식힌다. 이때 맛내기 비결로 생강즙, 유자즙 등을 넣는다.

화채 그릇에 담아 밥알이 동동 뜨는데 잣과 대추채를 고명으로 얹어 차갑게 마신다. 끓여서 마시면 단술 또는 감주라고도 한다.

안동의 식혜는 매우 달라 찹쌀을 쪄서 엿기름물에 삭힐 때, 고춧가루를 헝겊에 싸서 넣어 붉게 물들이고 매콤한 맛을 내고, 무채를 썰어 넣어 새콤하게 발효시켜 먹는다.

한과(韓菓)

선달에는 정월 명절을 대비하여 미리미리 한과를 준비한다.

한과는 만드는 법과 쓰는 재료에 따라 강정류, 유밀과류, 숙실과류, 다편류, 다식류, 정과류, 엿강정류로 나눌 수 있다.

강정

강정은 일종의 유과(튀김 과자)로 잔치 또는 제사에 많이 쓰인다. 만드는 법은 찹쌀가루에 작은 양의 물과 술을 넣어 반죽한 뒤에 네모로 썰어 이것을 말리어 기름에 튀기면 부풀어서 누에고치와 같은 모양이 된다. 이것에 물엿을 끼얹어 여러 가지 가루를 묻히는 것이다.

깨엿 강정

흰깨, 검정깨, 들깨는 각각 씻어 일어서 타지 않게 볶아 낸다. 물엿과 설탕을 동량으로 합하여 끓여 둔다. 각각에 엿물을 넣고 버무려 납작하게 밀대로 밀어 네모나게 자른다. 위에 대추, 호도, 잣으로 모양을 낸다.

깨엿 강정 흰깨, 검정깨, 들깨를 각각 볶아 엿물에 버무려 납작하게 밀어 네모지게 자른다. 고소하고 영양 많은 과자이다.

쌀강정 만드는 법은 밥도 죽도 아닌 상태로 밥을 끓여 여러 번 헹궈 말렸다가 기름에 튀겨서 엿물에 말아 편편히 굳혔다가 자른다.

쌀강정

밥도 죽도 아닌 상태로 밥을 끓여 여러 번 헹궈 말렸다가 기름에 튀겨서 엿물에 말아 편편히 굳혔다가 자른다.

그 밖에 잣만으로 하여 잣박산을 하고, 땅콩과 튀밥도 엿물에 뭉쳐서 강정도 한다. 또한 찰벼를 볶아서 튀겨 꽃잎 모양으로 만든 것에 엿을 묻힌 것을 매화 강정이라 하고 오색의 빛깔을 붙인 것을 오색 강정이라 한다.

빛깔있는 책들 201-7

명절 음식

초판 1쇄 발행 | 1990년 7월 31일
초판 9쇄 발행 | 2006년 4월 30일
재판 1쇄 발행 | 2012년 2월 29일

글 · 사진 | 한복선
발행인 | 김남석

편 집 이 사 | 김정옥
편집디자인 | 임세희
전　　　무 | 정만성
영 업 부 장 | 이현석

발행처 | (주)대원사
주　소 | 135-231 서울시 강남구 일원동 640-2
전　화 | (02)757-6717~6719
팩시밀리 | (02)775-8043
등록번호 | 등록 제3-191호
홈페이지 | www.daewonsa.co.kr

값 8,500원

ISBN 978-89-369-0066-3
ISBN 978-89-369-0000-7 14590(세트)

잘못 만들어진 책은 바꾸어 드립니다.

빛깔있는 책들

민속(분류번호 : 101)

1 짚문화	2 유기	3 소반	4 민속놀이(개정판)	5 전통 매듭
6 전통 자수	7 복식	8 팔도 굿	9 제주 성읍 마을	10 조상 제례
11 한국의 배	12 한국의 춤	13 전통 부채	14 우리 옛 악기	15 솟대
16 전통 상례	17 농기구	18 옛 다리	19 장승과 벅수	106 옹기
111 풀문화	112 한국의 무속	120 탈춤	121 동신당	129 안동 하회 마을
140 풍수지리	149 탈	158 서낭당	159 전통 목가구	165 전통 문양
169 옛 안경과 안경집	187 종이 공예 문화	195 한국의 부엌	201 전통 옷감	209 한국의 화폐
210 한국의 풍어제	270 한국의 벽사부적			

고미술(분류번호 : 102)

20 한옥의 조형	21 꽃담	22 문방사우	23 고인쇄	24 수원 화성
25 한국의 정자	26 벼루	27 조선 기와	28 안압지	29 한국의 옛 조경
30 전각	31 분청사기	32 창덕궁	33 장석과 자물쇠	34 종묘와 사직
35 비원	36 옛책	37 고분	38 서양 고지도와 한국	39 단청
102 창경궁	103 한국의 누	104 조선 백자	107 한국의 궁궐	108 덕수궁
109 한국의 성곽	113 한국의 서원	116 토우	122 옛기와	125 고분 유물
136 석등	147 민화	152 북한산성	164 풍속화(하나)	167 궁중 유물(하나)
168 궁중 유물(둘)	176 전통 과학 건축	177 풍속화(둘)	198 옛 궁궐 그림	200 고려 청자
216 산신도	219 경복궁	222 서원 건축	225 한국의 암각화	226 우리 옛 도자기
227 옛 전돌	229 우리 옛 질그릇	232 소쇄원	235 한국의 향교	239 청동기 문화
243 한국의 황제	245 한국의 읍성	248 전통 장신구	250 전통 남자 장신구	

불교 문화(분류번호 : 103)

40 불상	41 사원 건축	42 범종	43 석불	44 옛절터
45 경주 남산(하나)	46 경주 남산(둘)	47 석탑	48 사리구	49 요사채
50 불화	51 괘불	52 신장상	53 보살상	54 사경
55 불교 목공예	56 부도	57 불화 그리기	58 고승 진영	59 미륵불
101 마애불	110 통도사	117 영산재	119 지옥도	123 산사의 하루
124 반가사유상	127 불국사	132 금동불	135 만다라	145 해인사
150 송광사	154 범어사	155 대흥사	156 법주사	157 운주사
171 부석사	178 철불	180 불교 의식구	220 전탑	221 마곡사
230 갑사와 동학사	236 선암사	237 금산사	240 수덕사	241 화엄사
244 다비와 사리	249 선운사	255 한국의 가사	272 청평사	

음식 일반(분류번호 : 201)

60 전통 음식	61 팔도 음식	62 떡과 과자	63 겨울 음식	64 봄가을 음식
65 여름 음식	66 명절 음식	166 궁중음식과 서울음식		207 통과 의례 음식
214 제주도 음식	215 김치	253 장醬	273 밑반찬	

건강 식품(분류번호 : 202)

105 민간 요법 · 181 전통 건강 음료

즐거운 생활(분류번호 : 203)

67 다도 · 68 서예 · 69 도예 · 70 동양란 가꾸기 · 71 분재
72 수석 · 73 칵테일 · 74 인테리어 디자인 · 75 낚시 · 76 봄가을 한복
77 겨울 한복 · 78 여름 한복 · 79 집 꾸미기 · 80 방과 부엌 꾸미기 · 81 거실 꾸미기
82 색지 공예 · 83 신비의 우주 · 84 실내 원예 · 85 오디오 · 114 관상학
115 수상학 · 134 애견 기르기 · 138 한국 춘란 가꾸기 · 139 사진 입문 · 172 현대 무용 감상법
179 오페라 감상법 · 192 연극 감상법 · 193 발레 감상법 · 205 쪽물들이기 · 211 뮤지컬 감상법
213 풍경 사진 입문 · 223 서양 고전음악 감상법 · 251 와인 · 254 전통주
269 커피

건강 생활(분류번호 : 204)

86 요가 · 87 볼링 · 88 골프 · 89 생활 체조 · 90 5분 체조
91 기공 · 92 태극권 · 133 단전 호흡 · 162 택견 · 199 태권도
247 씨름

한국의 자연(분류번호 : 301)

93 집에서 기르는 야생화 · 94 약이 되는 야생초 · 95 약용 식물 · 96 한국의 동굴
97 한국의 텃새 · 98 한국의 철새 · 99 한강 · 100 한국의 곤충 · 118 고산 식물
126 한국의 호수 · 128 민물고기 · 137 야생 동물 · 141 북한산 · 142 지리산
143 한라산 · 144 설악산 · 151 한국의 토종개 · 153 강화도 · 173 속리산
174 울릉도 · 175 소나무 · 182 독도 · 183 오대산 · 184 한국의 자생란
186 계룡산 · 188 쉽게 구할 수 있는 염료 식물 · 189 한국의 외래 · 귀화 식물
190 백두산 · 197 화석 · 202 월출산 · 203 해양 생물 · 206 한국의 버섯
208 한국의 약수 · 212 주왕산 · 217 홍도와 흑산도 · 218 한국의 갯벌 · 224 한국의 나비
233 동강 · 234 대나무 · 238 한국의 샘물 · 246 백두고원 · 256 거문도와 백도
257 거제도

미술 일반(분류번호 : 401)

130 한국화 감상법 · 131 서양화 감상법 · 146 문자도 · 148 추상화 감상법 · 160 중국화 감상법
161 행위 예술 감상법 · 163 민화 그리기 · 170 설치 미술 감상법 · 185 판화 감상법
191 근대 수묵 채색화 감상법 · 194 옛 그림 감상법 · 196 근대 유화 감상법 · 204 무대 미술 감상법
228 서예 감상법 · 231 일본화 감상법 · 242 사군자 감상법 · 271 조각 감상법

역사(분류번호 : 501)

252 신문 · 260 부여 장정마을 · 261 연기 솔올마을 · 262 태안 개미목마을 · 263 아산 외암마을
264 보령 원산도 · 265 당진 합덕마을 · 266 금산 불이마을 · 267 논산 병사마을 · 268 홍성 독배마을